矿物材料在环保产业的应用

主　编　杜高翔

副主编　王　佼　谢　艳

中国建材工业出版社

图书在版编目（CIP）数据

矿物材料在环保产业的应用/杜高翔主编. --北京：中国建材工业出版社，2020.6

ISBN 978-7-5160-2888-9

Ⅰ.①矿… Ⅱ.①杜… Ⅲ.①矿物－材料－应用－环保产业－研究－中国 Ⅳ.①X324.2

中国版本图书馆 CIP 数据核字（2020）第 061881 号

内 容 简 介

本书较为系统地介绍了环境工程用主要非金属矿物的种类、特性、用途以及在环境工程和健康保障方面的应用，列出了经市场调查研究得到的主要信息，并按照环境工程的用途对矿物材料进行了基本特性和用途用法方面的介绍。本书旨在为我国环境工程和非金属矿行业同仁提供环境矿物材料和健康矿物材料的选型及市场信息支持。本书在撰写过程中，着力考虑系统性、科学性、全面性及在研究开发或生产中的实用性。

本书可供地质勘察、非金属矿采选与加工、矿物材料、环境工程及健康工程领域的研究人员、学生、企业家参考，也可为环境工程行业人员选择合适的环境治理材料提供支持，还可为室内、车内空气净化领域的技术人员和消费者提供选材参考。

矿物材料在环保产业的应用

Kuangwu Cailiao zai Huanbao Chanye de Yingyong

主　编　杜高翔

副主编　王　佼　谢　艳

出版发行：中国建材工业出版社

地　　址：北京市海淀区三里河路 1 号

邮　　编：100044

经　　销：全国各地新华书店

印　　刷：北京中科印刷有限公司

开　　本：710mm×1000mm　1/16

印　　张：8.25

字　　数：140 千字

版　　次：2020 年 6 月第 1 版

印　　次：2020 年 6 月第 1 次

定　　价：120.00 元

本书编委会

编委会主任：李晓波

编委会副主任：高仁胜　闫卫东　杜高翔

编委会成员：（以姓氏笔画为序）

王　佼　冯文祥　闫卫东　李晓波

刘　莉　朱红龙　杜高翔　高仁胜

谢　艳

主　　　　编：杜高翔

副　主　编：王　佼　谢　艳

编写组成员：（以姓氏笔画为序）

于江薇　王　佼　冯文祥　闫卫东

李晓波　刘　莉　朱红龙　杜高翔

高仁胜　谢　艳

序　言

　　环境工程是非金属矿和矿物材料的重要应用领域之一。非金属矿和矿物材料在污水处理、固废处理、放射性污染防治、大气污染治理、饮用水深度净化、土壤改良以及室内空气净化、抗菌抗病毒、负离子释放等领域起着重要的作用。近年来，新型矿物材料层出不穷，并且在环境工程和健康保障领域有着越来越广泛的应用。但是，迄今未见专门介绍环境矿物材料及其应用方面的著作，因此本书的出版是十分必要和及时的。

　　中国地质大学（北京）的杜高翔副教授联合中国粉体技术网、中国绿色建材产业发展联盟全国非金属矿专业委员会、北京工业职业技术学院相关技术人员，在自然资源部信息中心的支持下开展了非金属矿和矿物材料在环境工程领域应用状况方面的调查研究，较为系统地总结了我国相关非金属矿及矿物材料在环境工程和健康保障方面所发挥的作用、相关产品的产业化状况及实际应用情况。本书是相关调查工作组及国内专家学者，包括他们自己团队在这个领域研究成果的系统总结。

　　本书较为系统地论述了环境工程用主要非金属矿物的种类、特性、用途以及在环境工程和健康保障方面的应用，列出了经过认真市场调查研究得到的主要信息，并按照环境工程的用途对矿物材料进行了基本特性和用途用法方面的介绍。这些工作为非金属矿和矿物材料领域的管理决策者和投资者提供了重要的市场参考信息，也为本领域的技术开发人员指引了方向。

　　该书是国内第一部专门论述非金属矿和矿物材料在环境工程和健康保障领域应用方面的著作，可供地质勘察、非金属矿采选与加工、矿物材料、环境工程及健康工程领域的研究人员、学生、企业家参考，也可为环境工程行业技术人员选择合适的环境治理材料提供支持，还可为室内、车内空气净化领域的技术人员和消费者提供选材参考。

欣闻该书经过编写团队的努力即将出版，特作此序。相信该书的出版将对我国环境矿物材料的科技进步和产业发展起到良好的促进作用。

中国科学院院士

2020 年 2 月于北京

前　言

　　环境污染对人类的生活构成了巨大的威胁，随着人类环保意识的增强和全球环保标准及要求的提高，环保产业将成为 21 世纪重要的新兴产业。

　　随着我国经济的发展和技术的进步，非金属矿和矿物材料在环境工程、室内和车内环境净化方面起着越来越重要的作用。为了弄清楚哪些非金属矿和矿物材料在环境工程中有实际应用，又分别起到什么作用，以及相关非金属矿资源的保障能力，自然资源部信息中心于 2019 年 1 月开始委托中国地质大学（北京）、北京工业职业技术学院、中国粉体技术网和中国绿色建材产业发展联盟全国非金属矿专业委员会开展了矿物材料在环境工程中应用状况的调查研究。

　　该调查研究工作和本书的撰写、统稿由杜高翔副教授负责，北京工业职业技术学院王佼教授、中国地质大学（北京）谢艳博士以及北京依依星科技有限公司刘莉、朱红龙、冯文祥等同志参与了项目的调查研究和书稿的编撰工作。本书是以这次系统调查研究工作为基础整理而成的。书中引用了中国矿业大学（北京）郑水林教授、中国地质大学（北京）丁浩教授、中国科学院兰州化学物理研究所王爱勤教授等众多同行科研团队的科研成果，参考了中国粉体技术网和粉体技术网公众号 7 年来发表的相关文章，也参考了本书后面列出的文献中作者的成果，借鉴了非金属矿同行提供的关键数据。项目研究过程中得到自然资源部信息中心多位领导和非金属矿行业同行的支持，本书在编写过程中还得到中国建材工业出版社的大力支持和帮助。在此，向以上提到的个人和单位表示感谢！

　　本书较为系统地介绍了环境工程用主要非金属矿物的种类、特性、用途以及在环境工程和健康保障方面的应用，列出了经市场调查研究得到的主要信息，并按照环境工程的用途对矿物材料进行了基本特性、用途用法方面的介绍。本书旨在为我国环境工程和非金属矿行业同仁提供环境矿物材料和健康矿物材料的选型及市场信息支持。本书在撰写过程中，着力考虑系统性、科学性、全面性及在研究开发或生产中的实用性。本书共分为4章：第1章介绍了环保产业的主要任务、矿物材料在环境工程中应用的基本情况；第2章介绍了环保产业用非金属矿和矿物材料的特性、用途、资源储量与分布以及在环境工程中所起到的作用；第3章基于市场调研结果，着重介绍了非金属矿及矿物材料在环境工程中的应用状况；第4章按照环境工程及健康用矿物材料的具体应用对矿物材料进行了分别论述，以方便环境工程技术人员和消费者合理选用矿物材料。

本书可供地质勘察、非金属矿采选与加工、矿物材料、环境工程及健康工程领域的研究人员、学生、企业家参考，也可为环境工程行业人员选择合适的环境治理材料提供支持，还可为室内、车内空气净化领域的技术人员和消费者提供选材参考。

由于时间仓促，作者水平有限，市场调查工作繁重而复杂，书中疏漏和不足之处在所难免，恳请读者不吝指正。

编者
2020 年 2 月

目　　录

第1章 绪 论

1.1 矿物材料及其特点

矿物材料指以矿物或岩石为基本或主要原料，在不改变矿物晶体结构或部分改变晶体结构的前提下，通过各种技术加工制备的具有一定功能的材料，如功能填料和矿物颜料、摩擦材料、密封材料、保温隔热材料、电功能材料、吸附催化材料、环保材料、胶凝与流变材料、聚合物/纳米黏土复合材料、建筑装饰材料等。

现代非金属矿物材料具有以下主要特征：

（1）原料或主要组分为非金属矿物，或经过选矿，或经过初加工的非金属矿物。

（2）一般来说，与同样用非金属矿为原料生产的硅酸盐材料（水泥、玻璃、陶瓷等）以及无机化工产品（如硫化钡、氯化钡、碳酸锶、氧化铝等）不同，非金属矿物材料没有完全改变非金属矿物原料或主要组分的物理、化学或结构特征。

（3）非金属矿物材料是通过深加工或精加工制备的功能性材料。因此，非金属矿物材料具有一定的技术含量和明确的用途，不能直接应用的原矿和初加工产品不属于非金属矿物材料的范畴。当然，深加工或精加工是一个相对概念，随着科学技术的发展和社会的进步，其内涵也将发生变化。

部分矿物材料能够在环保产业中发挥重要作用，且具有原料易得、不产生二次污染等优势，我们称之为环境矿物材料。例如，石灰石能够用于燃煤发电厂处理废气，硅藻土、电气石用于纯绿色建材产品，膨润土用于污水处理等。随着矿物加工技术的发展和对矿物属性研究的深入，矿物材料在环保领域的应用将日益广泛。

随着我国国民经济的发展和技术的进步，环境矿物材料在工业水处理、饮用水处理、烟气脱硫、固废处理与处置、土壤改良、危废处理与处置，乃至室内、车内空气治理以及人体保健与美容方面都有大量的应用。环境矿物材料已经发展成为助力环境保护和人民美好生活的重要材料之一。

1.2　环保产业的主要任务和技术发展概况

随着我国生态文明建设的不断深入，我国对大气污染防治、水污染防治、危险固体废弃物污染防治方面所采取的措施和执行的政策已经可以与西方发达国家相比，近年来我国在土壤污染防治方面也采取了有力的措施。相信绿水青山、蓝天白云不是梦。

环境工程领域包含污水、废气、废渣、危废等领域的治理技术、装备和药剂，其中矿物材料主要用作处理药剂。非金属矿种类繁多，功能各异，应用领域十分广泛，具有超细、多孔、大比表面积以及离子交换功能等特性的黏土矿物在环境治理中起到十分重要的作用，是环境工程领域不可或缺的关键材料。

在污水处理领域，近年来除了生化处理、曝气处理等传统处理方法外，还逐渐出现了膜过滤、反渗透、离子交换、絮凝与混凝等处理方法，但是在吸附处理重金属、混凝胶体颗粒、放射性元素等方面，非金属矿已经展示出不可替代的优势。沸石在处理氟污染方面性能独一无二，可以直接处理到饮用水级别；石墨在处理海上原油泄漏方面有着独特的优势，1t 膨胀石墨一次可以吸附 15t 原油，且可以再生；膨润土、杭锦 2 号土作为胶体颗粒物废水的混凝剂具有广阔的发展前景，其不仅可以起到快速沉降颗粒物的作用，还可以大幅降低重金属、氟离子、COD 的浓度；石英砂、锰砂、石榴子石、硅藻土、凹凸棒石黏土等制成的滤料在污水预处理、饮用水处理以及食用油、啤酒、白酒、白糖等的过滤中起着重要的作用。

在废气处理领域，近年来我国的铁腕治污实践表明，各环节的环保化改造和减排才是治理大气的关键所在。工业除尘，控制挥发性有机物、氮氧化合物和二氧化硫等污染物的排放，才能从根本上改善空气质量。石灰与石灰石中和脱硫是治理大气中 SO_2 不可替代的技术之一，也是近年来我国大气污染物中二氧化硫下降 80％以上的头号功臣。吸附材料吸附脱除有机污染物是除了喷淋和活性炭外的最佳处理技术之一。多孔矿物在吸附处理空气中 VOCs、氨气、异味等方面也表现出极佳性能，与活性炭相比，成本更低廉。

在废渣处理领域，膨润土、凹凸棒石、海泡石、沸石等矿物作为防渗垫层是无害化处理危废的重要材料，以膨润土为主要原料制备的膨润土防水毯是土工和人工湖泊、人工引水渠、地铁、高楼地下基础部分以及垃圾堆场和有害固体废弃物堆场的防渗材料，已经得到广泛的应用。石灰和石灰石以及各类多矿矿物钝化或固化重金属的工程化应用也在开展。

在放射性污染处理领域，重晶石的辐射屏蔽功能使其在放射性工作区的建筑混凝土中广泛应用。沸石吸附固化放射性元素的功能使其在核泄漏应急处理中发挥独一无二的作用，前景十分广阔。

在土壤改良领域，针对土壤板结、沙化、贫化以及荒漠方面的治理，用凹凸棒石黏土制备的保水材料可以保持自身质量 1000 倍的水和营养，利用各类黏土矿是防治沙化、荒漠化的不二法则。利用钾长石、花岗岩、粉煤灰、云母、伊利石、石英砂等制备的各类缓释肥在现代农业中发挥着越来越重要的作用。非金属矿粉体在土壤重金属污染的治理方面也是最关键的材料。

以矿物为载体负载银离子、锌离子、铜离子可以制备抗菌剂，负载催化剂可以用于氮氧化合物、有机污染物的处理，在工业废气的净化和室内、车内空气质量的改善方面发挥着作用。电气石的负氧离子释放性能、远红外释放性能使其成为一种改善室内空气质量的功能材料，目前对电气石的研究开发方兴未艾，众多类型的产品正在积极开拓市场，但也不可避免地存在一定问题，如有不法分子在其中掺杂放射性物质扰乱市场。以白色矿物为核，钛白粉为壳，通过机械力化学法制备的 TiO_2 复合钛白粉可以在多个领域替代纯钛白粉使用，其遮盖力、白度、对比率等关键指标与纯钛白粉基本相同。该产品可以节约 60% 以上的钛白粉，也就可以节约 60% 左右的钛资源并减少相应的污染。TiO_2 复合钛白粉经过改造后还可以作为陶瓷乳浊釉的乳浊剂使用，替代具有放射性的硅酸锆乳浊剂，使陶瓷产品的放射性接近于零。这一类矿物材料对保障人民的生活环境质量具有重要的作用。

在居家健康和车内空气质量治理领域，以多孔矿物粉体为主要材料制备的宠物猫砂、硅藻泥、冰箱除味剂、抗菌剂、负离子释放材料等在新时期快速发展，消费量以每年 20% 以上的速度增长。以非金属矿物粉体为载体，负载纳米 TiO_2 制备的光催化材料在降解甲醛、甲苯等有机物的污染，以及抗菌、抗病毒方面都有很好的性能，在家装、居家健康和车内空气质量保障方面有着越来越重要的作用。以"潞洁"牌光催化剂为例，在太阳光或日光灯照射的情况下，可以分解85% 以上的甲醛、50% 以上的甲苯。当可以分解甲苯时，意味着可以分解一切与该催化剂颗粒接触的有机污染物。当病毒和细菌接触到光催化剂时，其蛋白质一样会被分解，进而实现抗菌、抗病毒的作用。

在饲料领域，膨润土、沸石、凹凸棒石等可以抑制病菌、病毒的繁殖，减少抗生素药物的使用，延长饲料保存时间和养分有效性，具有独特的作用。碳酸钙作为鸡、鸭、牛、猪不可或缺的原料，具有补充钙质，保障鸡蛋、牛奶质量和牲畜正常生长的作用，一直在大规模使用中。

在食品、药品和化妆品领域，滑石、碳酸钙、高纯蒙脱石、蒙脱石凝胶、沸石、凹凸棒石、硅藻土助滤剂等多种矿物发挥其独特的作用。药用矿物的应用已经有上千年的历史，石膏在豆制品、药品方面有着广泛的应用。滑石、碳酸钙、蒙脱石是很多口服药颗粒的赋形剂、崩解剂，蒙脱石还是治疗痢疾的良药。

因此，在环境治理、健康保障方面，矿物材料将发挥越来越重要的作用。同时，矿物材料的研究开发要重视其在环境保护和人体健康方面的应用。

1.3　本书调查研究工作情况

根据本次调研任务的安排，中国地质大学（北京）和中国绿色建材产业发展联盟全国非金属矿专委会、中国粉体技术网采取了问卷、电话咨询调研和实地考察的方式进行了调查研究。其中电话咨询企业 3000 多家，实地考察企业近 1000 家，咨询业内专家约 50 人次，从百度、CNKI、SCI 等数据库查询国内外资料近4000 篇。

调查中遇到如下实际困难：部分矿山储量及国内资源储量很难得到准确数字，甚至误差很大；非金属矿从业企业众多，难以全面查证；矿物材料种类繁多，用途广泛，具体矿物材料的实际消费量很难准确把握。

虽然我们累计调查的企业近 1000 家，形成了主要企业的数据库，但我国非金属矿企业有近 70000 家，企业的数据有时是失真的。因此，本书中部分市场应用数据和矿山储量数据可能存在一定误差。如果读者有真实的情况，敬请和我们联系，我们会随时修正。

第2章 环保产业用矿物资源储量及应用

2.1 石灰石

2.1.1 概述

石灰石主要成分是碳酸钙，化学式为 $CaCO_3$，硬度为3，密度为 $2.6\sim2.8g/cm^3$。石灰石不溶于水，可以直接加工成石料，煅烧至 $900℃$ 以上时分解转化成生石灰，放出 CO_2。生石灰吸潮或加水形成熟石灰 $[Ca(OH)_2]$，熟石灰溶于水后可调浆，在空气中易硬化。

石灰石具有导热性、坚固性、吸水性、不透气性、隔声性、磨光性、胶结性和可加工性等优良性能，在建筑、冶金、化工、轻工、食品、石油、农业等诸多领域中有广泛的应用。石灰石是水泥工业的重要原料，是石灰的主要原料，同时是砂石料的主要原料之一。部分石灰石可以作为轻质碳酸钙和纳米级碳酸钙的原料，经过煅烧后形成氧化钙，再经过消化形成氢氧化钙溶液，然后在控制反应工艺技术条件的情况下将二氧化碳气体通入反应塔，得到沉淀碳酸钙（业内称轻质碳酸钙，简称轻钙）或者纳米碳酸钙。纳米碳酸钙是目前应用最广泛、最成功、用量最大的纳米材料，我国年消费纳米碳酸钙近100万t。

与石灰石成分相同的还有方解石。结晶较好的方解石经过选矿和研磨后可以得到白度高、粒度可控的碳酸钙粉体（业内称重质碳酸钙，简称重钙）。重质碳酸钙在造纸、涂料、塑料、橡胶、油墨、鞋材、胶粘剂等领域有着广泛的应用。据统计，我国年生产各类重质碳酸钙近3000万t。其中广西贺州碳酸钙产业园年生产近860万t，是我国重钙生产最集中的区域。结晶完整、纯度高的方解石在符合食品、药品级碳酸钙质量指标要求的前提下，可以用来生产食品级碳酸钙和药品级碳酸钙粉体，以及由此制备的苹果酸钙、柠檬酸钙等产品。

整体性好的石灰石部分可以作为石材使用。部分大理石的成分为石灰石，其产品在室内装饰方面有着广泛的应用。

2.1.2　我国石灰石资源储量

中国是世界上石灰岩矿资源较丰富的国家，除上海、香港、澳门外，在各省、直辖市、自治区均有分布。据统计，全国石灰岩分布面积达 $4.38 \times 10^5 \mathrm{km}^2$（未包括西藏自治区和中国台湾省），约占国土面积的 1/20，其中能作水泥原料的石灰岩资源量占总资源量的 1/4～1/3。

全国已发现水泥石灰岩矿点近 8000 处，其中已探明储量的有 1286 处，大型矿床 257 处、中型 481 处、小型 486 处（矿石储量＞8000 万 t 为大型、4000 万～8000 万 t 为中型，＜4000 万 t 为小型），共计保有矿石储量 542 亿 t，其中石灰岩储量 504 亿 t，占 93％；大理岩储量 38 亿 t，占 7％。保有储量广泛分布于除上海市以外的 29 个省、直辖市、自治区。我国各地石灰石保有储量见表 2-1。

表 2-1　我国各地石灰石保有储量

地区	各地区保有储量
陕西	49 亿 t
安徽、广西、四川、重庆	30 亿～34 亿 t
山东、河北、河南、广东、辽宁、湖南、湖北	20 亿～30 亿 t
黑龙江、浙江、江苏、贵州、江西、云南、福建、山西、新疆、吉林、内蒙古、青海、甘肃	10 亿～20 亿 t
北京、宁夏、海南、西藏、天津	5 亿～20 亿 t

2.1.3　石灰石产品在环保产业的应用

（1）石灰石在废气处理中的应用

①石灰石-石膏法脱硫

石膏法脱硫工艺是世界上应用最广泛的一种脱硫技术，日本、德国、美国的火力发电厂采用的烟气脱硫装置约 90％采用此工艺，脱硫效率可大于 95％。不足之处是系统比较复杂，占地面积大，初投资较高，一般需进行废水处理。

鉴于石膏法投资高、占地面积大等特点不利于应用，人们研究应用了简易石膏法。简易石膏法的原理与石膏法基本相同，总的烟气脱硫率可达 70％以上，造价及占地大大降低，对脱硫率要求不太高的电厂，此种方法很有采用的价值。

②喷钙增湿法脱硫

炉内喷钙加尾部烟气增湿活化脱硫工艺是在炉内喷钙脱硫工艺的基础上在锅

炉尾部增设了增湿段，以提高脱硫效率。该脱硫工艺在芬兰、美国、加拿大、法国等国家得到应用。采用这一脱硫技术的最大单机容量已达 30 万 kW。

③湿法烟气脱硫

世界各国的湿法烟气脱硫工艺流程、形式和机理大同小异，这种工艺已有50 年的历史，经过不断改进和完善后，技术比较成熟，而且具有脱硫效率高（90%～98%），机组容量大，煤种适应性强，运行费用较低和副产品易回收等优点。据美国环保局（EPA）的统计资料，全美火电厂采用湿式脱硫装置中，湿式石灰法占 39.6%，石灰石法占 47.4%，双碱法占 4.1%，碳酸钠法占 3.1%。

（2）石灰石在污水处理中的应用

将石灰石加工成石灰粉，加入水中会生成碱性的氢氧化钙液体，可以用来调节水体的酸碱度，同时也可以去除水中重金属离子，使其生成难溶性的氢氧化物，再通过絮凝沉淀将重金属离子分离出去。

2.2 膨润土

2.2.1 概述

膨润土（Bentonite）是以蒙脱石为主的含水黏土矿。蒙脱石又称"微晶高岭石"或"胶岭石"，是一种层状含水的铝硅酸盐矿物，其理论结构式为

$$E_x \cdot nH_2O\{(Al_{2-x}Mg_x)[(Si,Al)_4O_{10}](OH)_2\}$$

式中，E 为层间可交换的阳离子，主要为 Ca^{2+}、Na^+、Mg^{2+}、K^+；x 为 E 作为一价阳离子时单位化学式的层电荷数，一般在 0.2～0.6 变化。

膨润土常含少量的伊利石、高岭石、沸石、长石和方解石等矿物，一般呈白色、灰色、粉红色、黄色、褐黑等多种颜色；具油脂光泽、蜡状光泽；断口为贝壳状或锯齿状；其形态常呈土状隐晶质块体，有时呈细小鳞片状、球粒状；硬度为 2～2.5；密度为 2～2.7g/cm³；性软有滑感，吸水膨胀，最大吸水量可为其体积的 8～15 倍。

蒙脱石晶体是由两个硅氧四面体中夹一个铝（镁）氧（氢氧）八面体组成的层状结构，属 2:1 层型。四面体中有少量的 Si^{4+} 被 Al^{3+} 置换，八面体中有少量的 Al^{3+} 被 Mg^{2+} 置换。由于这些多面体中高价离子被低价离子置换，造成晶体层间产生永久性负电荷，晶体层间被吸附的阳离子是可交换的。类质同象置换是蒙

脱石产生许多重要性能的根源。

层间水的含量取决于层间阳离子的种类和环境中的温度、湿度。水分子的吸附以层的形式存在于结构层之间，最多可达 4 层。

根据层间可交换离子的种类和数量不同，自然界的蒙脱石可分为钙蒙脱石、钠蒙脱石、镁蒙脱石、铝（氢）蒙脱石及钾蒙脱石等。

蒙脱石矿物属单斜晶系，通常呈土状块体；白色，有时带浅红、浅绿、淡黄等色；光泽暗淡；硬度为 1；密度约为 $2g/cm^3$；吸水性强，吸水后其体积能膨胀为原来的几倍到十几倍，具有很强的吸附力和阳离子交换性能。

钠基膨润土比钙基膨润土有更高的膨胀性和阳离子交换容量，在水中的分散性好，且胶质价高，黏性、润滑性及热稳定性俱佳。此外，触变性、热湿拉强度和干压强度也较好，所以钠基膨润土性能更好，利用价值更大。

膨润土是一种极有价值、多用途的非金属矿物，享有"万能"黏土之称。膨润土及其加工产品具有优良的工艺性能，如分散悬浮性、触变性、流变性、吸附性、膨润性、可塑性、粘结性、阳离子交换性等，可用作胶粘剂、悬浮剂、触变剂、增塑剂、增稠剂、润滑剂、絮凝剂、稳定剂、催化剂、净化脱色剂、澄清剂、填充剂、吸附剂、化工载体等，广泛应用于石油、冶金、化工、铸造、建筑、塑料、橡胶、油漆涂料、轻工、环保等领域。利用蒙脱石层状晶体结构和层间纳米尺度的高分子插层和原位聚合技术是高强度和高性能纳米塑料或纳米高分子材料的主要生产方法之一，有着良好的发展前景。

虽然膨润土用途很广，但目前最主要和用量最多的是冶金、铸造和钻井泥浆 3 个领域，约占膨润土总用量的 75%，其他应用领域约占 25%。膨润土及其制品的主要用途详见表 2-2。

表 2-2　膨润土及其制品的主要用途

应用领域	主要用途	所用膨润土种类
铸造	型砂胶粘剂	钠基膨润土或钙、镁基膨润土
	水化型砂的胶粘剂、表面稳定剂	有机膨润土
冶金	铁精矿球团胶粘剂	钠基膨润土为主
钻井泥浆	配制具有高流变和触变性能的钻井泥浆悬浮液	钠基膨润土或钙、镁基膨润土
	钻机解卡剂	有机膨润土
食品	动植物油的脱色和净化、葡萄酒和果汁的澄清、啤酒的稳定化处理、糖化处理、糖汁净化	活性白土（漂白土）、钠基膨润土、其他膨润土

应用领域	主要用途	所用膨润土种类
石油	石油、油脂、石蜡油（煤油）的精炼、石蜡脱色和净化	活性白土
	石油裂化的催化剂载体	钙、镁基膨润土
	制备焦油-水的乳化液	钠基膨润土（活化或多天然）
	沥青表层的稳定剂、润滑油（油脂）的稠化剂	有机膨润土
农业	土壤改良剂、混合肥料的添加剂、饲料添加剂、黏合剂、动物圈垫土（去味消毒）	各种膨润土
化工	催化剂、农药和杀虫剂的载体	活性白土（漂白土）
	橡胶和塑料制品的填料	钠基膨润土（活化或天然）
	干燥剂、过滤剂、洗涤剂、香皂、牙膏等日化品添加剂	锂、镁基膨润土
	涂料、油墨的触变增稠剂，油漆、油墨的防沉降助剂	有机膨润土
环保、生态建设	工业废水处理、游泳池水的净化、食品工业废料处理、放射性废物的吸附处理剂、水土保持、固沙	活性白土、钠基膨润土（活化或天然）等
建筑	防水和防渗材料、水泥混合材料、混凝土增塑剂和添加剂等	各种膨润土
造纸	复写纸的染色剂、颜料填料	活性白土，钙、镁基膨润土
纺织印染	填充、漂白、抗静电涂层、代替淀粉上浆及做印花糊料	活性白土、钠基膨润土（活化或天然）
陶瓷	陶瓷原料的增塑剂（提高陶瓷胚体的抗压强度）	各种膨润土
医药、化妆品	药物的吸着剂和药膏药丸的胶粘剂、化妆品底料	镁、钙、锂、钠基膨润土
机械	高温润滑剂	有机膨润土

2.2.2　我国膨润土资源储量

我国膨润土目前累计探明储量在 50.87 亿 t 以上，资源量已超过 80 亿 t，总储量占世界总量的 60％，居世界第 1 位，其中 70％以上是钙基膨润土。现已探明的 100 多个膨润土矿产地集中分布于广西（24％）、新疆（17％）、内蒙古（9％）、河北（7％）以及浙江、安徽、江苏、河南、辽宁等地。

广西资源富集区的膨润土为沉积型矿床，蒙冀鲁资源富集区的膨润土为火山沉积型矿床，苏浙皖鄂资源富集区的膨润土有沉积型、残积型、热液型矿床。

广西产地有宁明、田东、崇左、桂平、横县等处，蕴藏量最大的是宁明，达6.4 亿 t，是我国的超大型膨润土矿床。

新疆和布克赛尔蒙古自治县内的膨润土矿储量已突破 23 亿 t，是目前我国已探明储量的最大膨润土矿区，有 7 处膨润土矿床，其中有 4 处大型矿床（乌兰英格、日月雷、德仑山南和德仑山西南）。专家估计，该区膨润土矿藏远景储量超过 50 亿 t。

内蒙古的宁城、兴和、霍林、固阳等地都有十分丰富的膨润土矿，储量最大的是赤峰宁城，达 10 亿 t。

2.2.3 膨润土产品在环保产业的应用

膨润土是目前研究时间最早、研究程度最深、应用范围最广的非金属矿物环保材料之一。膨润土比表面积较大，层间具有大量的可交换金属阳离子，具有良好的吸附性、离子交换性、触变性、悬浮性，同时还具有乳化作用、亲和酸力及去污能力。经过有机物及聚合羟基金属阳离子的改性而制得的膨润土复合材料，可以提高膨润土环保材料对非离子型或离子型有机污染物的吸收能力，也可以提高对废气、废水的吸附处理能力。

（1）膨润土在污水和废水净化中的应用

膨润土环保材料在水体处理方面的应用研究十分广泛，包括对印染废水中的脱色、酸性大红、活性艳红、酸性黑等的处理；对汽车喷漆废水中的油漆回收、水质净化处理；对含芳香类化合物废水的处理，如脱除苯、甲苯、乙苯、硝基苯、酚、硝基苯酚等都有明显的效果。另外，膨润土对吸附和固定某些致癌物如二氯、多氯联苯、多氯苯酚的吸附能力可以达到或超过活性炭的效果。经膨润土处理后的重金属离子废水中的锌、铜、钴、镍、镉、铬、汞等离子的含量均可达到国家排放标准。

（2）膨润土在固体废弃物中的应用

①用作垃圾场填埋的防渗材料。近几年利用膨润土作为防渗衬层的尝试日益增多。国内外已有膨润土防渗卷材方面的专利。膨润土防水毯具有吸附和阻拦性能，作为垃圾填埋场的防渗衬垫，可有效地阻止垃圾消化后生成的渗滤液有机物、重金属离子等进入地下水造成污染。在垃圾填埋场，膨润土防水毯的应用比率可以达到 90% 以上，显现出良好的应用发展前景。

②用作放射性废物固化材料。膨润土具有阻挡、缓冲放射性废料扩散的作用，能快速吸附 Sr^{++}、Cs^+ 等放射性离子，起到保护环境和防护人身免受放射性

污染物危害的作用。

（3）膨润土在气体净化中的应用

充分利用膨润土的吸附性制备的环保材料可以有效地吸附空气中的氧化硫和氧化氮，在日本等国家已有膨润土用于空气净化方面的专利出现，如以蒙脱石为基质制取室内空气净化剂（J51129885）；膨润土与 MgO、$CaCO_3$ 混合干燥剂制成的空气氧化硫分离剂（J5128893）；膨润土和钴化物在 800℃ 以上的高温下被烧制成催化剂用于内燃机废气净化（J49023788）。这些专利的共同点是可有效吸附空气中的氧化硫与氧化氮，达到净化空气的效果。此外，利用膨润土替代活性炭可降低卷烟中的焦油、自由基、尼古丁等对人体的危害程度。

利用膨润土吸附性强和方便处理的优点，将膨润土制成猫砂，不仅便于清理、粉尘小、无污染，还能有效吸附空气中的污染物，降低对环境的污染。

（4）膨润土在土壤改良中的应用

膨润土施入土壤后，能吸水膨胀，改变土壤的固体、液体、气体的比例，使土壤结构疏松，能起到改善土壤物理性状的作用，使土壤既保水、保肥，又不污染土壤环境，这对干旱地区是极为有效的土壤改良剂。

据研究报道，膨润土对土壤有固氮保肥、提高沙质土壤对磷的吸收率、降低解析率、提高土壤腐殖含量、改善腐殖结构作用，从而提高土壤肥力、吸附土壤中重金属、汞等有害元素，减轻土壤中有害元素对作物的污染、固定土壤中的放射性元素。

2.3　沸　石

2.3.1　概述

沸石是一族具架状结构的多孔性含水硅酸盐矿物的总称，包括 30 多种含沸石水的钙、钠、钡、钾的铝硅酸盐矿物，其化学通式为

$$x\left[(M^+, M_{1/2}^{2+})\, AlO_2\right] \cdot y(SiO_2) \cdot zH_2O$$

式中，M^+ 和 M^{2+} 代表碱金属和碱土金属离子。

由此看出，沸石的化学成分实际上由 SiO_2、Al_2O_3、H_2O 和碱或碱土金属离子 4 部分组成。在不同的沸石矿物中，硅和铝的比值（y/x）不一样。根据硅、铝比值的不同，沸石族矿物可划分为高硅沸石（$SiO_2/Al_2O_3 > 8$）、中硅沸石

（$SiO_2/Al_2O_3＝4\sim8$）和低硅沸石（$SiO_2/Al_2O_3<4$）。我国沸石资源丰富，主要分布于中生代火山活动区，赋存于侏罗系、白垩系地层中。

沸石的密度为 $1.92\sim2.80g/cm^3$，莫氏硬度为 $5\sim5.5$，无色，有时为肉红色或其他浅色。沸石的化学组成十分复杂，因种类不同而有很大差异。一般化学式为 $A_mB_pO_{2p}\cdot nH_2O$，结构式为 $A_{x/q}[(AlO_2)_x(SiO_2)_y]\cdot nH_2O$，其中 A 为 Ca、Na、K、Ba、Sr 等的阳离子；B 为 Al 和 Si；q 为阳离子电价；m 为阳离子数；n 为水分子数；x 为 Al 原子数；y 为 Si 原子数；y/x 通常在 $1\sim5$；$(x+y)$ 是单位晶胞中四面体的个数。例如，斜发沸石的化学式为 $(Na，K，Ca)_{2\sim3}[Al_3(Al，Si)_2$ $Si_{13}O_{36}]\cdot12H_2O$，丝光沸石的化学式为 $Na_2Ca[AlSi_5O_{12}]_4\cdot12H_2O$。

沸石一般由三维硅（铝）氧格架组成，硅（铝）氧四面体是沸石骨架中最基本的结构单元，四面体中每个硅（铝）原子周围有 4 个氧原子形成四面体配位。硅氧四面体中的硅可被铝原子置换而构成铝氧四面体，为了补偿电荷的不平衡，一般由碱金属或碱土金属离子来补偿，如 Na、Ca 及 Sr、K、Ba、Mg 等的金属离子。沸石的结构水和一般结构水（OH）不同，由于其作为水分子存在，故沸石水在特定温度下加热、脱水后结构不破坏，原水分子的位置仍留有空隙，形成像海绵晶格一样的结构，具有将水分子和气体再吸入空隙的特性。

在沸石的种属中，以丝光沸石和斜发沸石工业意义最大。

沸石的晶体结构由 $[SiO_4]$ 或 $[AlO_4]$（Al 置换 Si 形成）四面体单元共角顶连接成的空间网络所构成，具有微孔孔道。为了平衡因 Al 置换 Si 出现的电荷不平衡，其孔道中需填充金属阳离子，并且这些阳离子往往具有可交换性。

沸石的独特结构使其具有独特的物化特性，主要有离子交换性、吸附分离性（如选择性吸附性能）、催化性（可作催化剂及催化剂载体）、化学稳定性（天然沸石具有良好的热稳定性、耐酸性）、可逆的脱水性、电导性等。另外，沸石还有一种包胶气体的特性，即温度升高时沸石空腔变大而进入分子，冷却时进入的分子被截留，截留的组分以很高的密度长期保存，直到加热释放。

由于沸石具有独特的内部结构和物理化学特性，在石油化工、轻工、环保、建材、农牧业等得到了广泛应用。表 2-3 所列为其应用领域和主要用途。

表 2-3　沸石的应用领域和主要用途

应用领域	主要用途
建材	水泥掺合料、轻骨料、轻质高强硅钙板、轻质陶瓷制品、轻质建材砌块、建筑灰膏、建筑石料、无机发泡材料、多孔混凝土、混凝土固化剂等

应用领域	主要用途
化工	干燥剂、吸附分离剂、分子筛（对气体、液体进行分离、净化和提纯）、石油的催化、裂化和催化剂载体等
环保	废水、废气和放射性废物的处理，除去或回收重金属离子，除氟改良土壤，硬水软化，海水淡化，海水提钾等
农牧业	土壤改良剂（保持肥效），农药和化肥的载体、缓释剂，饲料添加剂等
其他	造纸、塑料、涂料等的无机填料

沸石具有离子交换性和吸附性，因而被广泛应用于农业、石油化工、环境保护、海水提钾、水处理、高分子化工、水泥、食品、造纸、电子以及建材工业等方面。其中在建材方面，沸石主要在水泥中作活性混合料和在混凝土中作掺合料，起到降低水泥用量、发挥和改善各种功能的作用。利用沸石的离子交换性和吸附选择性，将具有抗菌功能的纳米尺度单元物质在沸石的微孔孔道和空隙中进行组装复合，可制备空气净化功能材料。

对天然沸石的质量要求因用途而异，其主要几项工业要求如下：

目前用于水泥及混凝土，一般以斜发沸石、丝光沸石等高硅沸石为主，沸石含量要求大于 40%。其他工业用途一般要求沸石含量为 50%～70%，甚至更高。国外将含量低于 60% 的定为低品位沸石矿。

沸石种类不同，对 SO_2 和 CO_2 等分子的吸附能力不同。如 X 型分子筛，虽然吸附量大，但耐酸性差；合成丝光沸石虽耐酸性好，但对 SO_2 的吸附性小；天然丝光沸石耐酸、耐高温，适于在酸性介质中使用，对 SO_2 和 CO_2 等有较高的吸附能力；缙云丝光沸石对 SO_2 的饱和吸附量为 200mg/g，对 CO_2 的饱和吸附量为 81.3mg/g。

对化学成分的要求主要是 SiO_2 和 Al_2O_3 等，因为 SiO_2 和 Al_2O_3 的含量及比值直接影响沸石的离子交换能力和物理性质。

2.3.2 我国沸石资源储量

我国沸石资源丰富，可利用储量约 40 亿 t，产地主要分布在河北、陕西、浙江、内蒙古、辽宁、山东、吉林、黑龙江、河南、广东、广西、福建、安徽、湖北、四川、新疆、西藏等地。

我国已开发的沸石矿床主要有：浙江缙云老虎头、天井山混合型沸石岩矿床；河北赤城独石口斜发沸石岩矿床；河北围场鹿圈斜发沸石岩矿床；山东潍县涌泉庄丝光沸石、斜发沸石岩矿床；山东莱阳白藤口丝光沸石岩矿床；山东莱西斜发沸石、丝光沸石岩矿床；河南信阳上天梯斜发沸石岩矿床；黑龙江海林斜发沸石岩矿床；黑龙江嫩江大石砬子斜发沸石岩矿床；辽宁彰武罗锅沟丝光沸石岩矿床；吉林九台银矿山混合型沸石岩矿床；辽宁北票斜发沸石岩矿床；内蒙古呼和浩特郊区陶卜齐丝光沸石岩矿床。

2.3.3 沸石产品在环保产业的应用

（1）沸石在水处理中的应用

①去除氨氮，降低磷含量

沸石在水处理中的应用十分广泛，沸石的种类不同，对氨氮、磷的去除效果也存在着一定差异。一般采用斜发沸石去除水中氨氮、降低磷含量。沸石作为净水材料使用初期，其离子交换能力和吸附性作用明显，氨氮的去除率可以达到95%。当沸石长时间置于水溶液后，其去除性能会大大降低，但与此同时，在沸石的表面会形成一层生物膜，这层生物膜对氨氮、磷的去除效果也十分明显。此外，可以利用化学或物理方法对沸石进行改性操作，进一步提升沸石的离子交换性能和吸附性能，使其保持高的氨氮、磷去除率。

沸石被广泛应用于湖泊、人工湖、淡水、海水养殖等水体富营养化处理中，还可以将沸石作为湿地的填充物，既可以降低湿地填充成本，也可以很好地去除湿地中的有害物质。

②去除水溶液中的重金属离子

沸石本身的格架结构特征和配位键不平衡，决定了沸石能够作为阳离子交换剂使用。研究表明，经过物理或者化学法改性的沸石，具有更大的离子交换能力和软化硬水的功能，可以综合治理污染水源，能同时去除水中的 Fe^{3+}、Ni^{2+}、Co^{2+}、Cu^{2+}、Pb^{2+}、Hg^{2+}、Cd^{2+} 等的重金属离子。沸石吸附的重金属离子可以进行浓缩回收，沸石也可经过加工进行再生，达到重复利用的目的。

③去除水溶液中的有机污染物

水中有机物是一类主要污染物，沸石对有机污染物的吸附能力主要取决于有机物分子的极性和大小。吸附能力大小为：极性分子大于非极性分子，直径小的分子大于直径大的分子。能与沸石表面发生强烈吸附作用的二氯甲烷、三氯甲烷、四氯乙烷、三溴甲烷、四氯化碳等都属于沸石易吸附物质之列。一些常见的有机污染物如酚类、苯胺、苯醌、氨基酸等，多有极性，分子直径适中，可被沸石吸附而去除。

④降低氟含量

我国高氟水分布广泛，对人体危害甚大。目前，降氟方法很多，但均有一定的弊端，活化沸石作为一种新型沸石材料正越来越受到人们的关注。沸石除氟有很多优点：可对含氟量不同的原水有效除氟，处理后水质澄清、透明，含氟量达到国家饮用水标准；处理成本低，装置简单，再生简易。

⑤消除放射性物质

利用沸石的离子交换性能可消除水中的放射性物质^{137}Cs 和^{90}Sr，而且交换了^{137}Cs 的沸石可原封不动地作为放射源使用。为了不使放射性物质扩散污染，融化沸石可使放射性离子长久地固定在沸石的晶格内，因为熔化沸石溶解作用极其缓慢，失去 1‰的放射性物质需要 500 年。核工业部已经将沸石应用于原子能领域进行放射性废水的处理。

（2）沸石在净化空气中的应用

①处理废气

从化工、轻工、涂料等行业排放的烃类硫氧、氮氧、一氧化碳、硫化氢等是污染大气的主要有害气体。沸石对这些气体有良好的吸附、净化功能，特别是在低温范围内具有其他吸附剂所不具有的能力。利用天然沸石的吸附性能及耐酸、耐高温特性，可吸附工厂废气中的 SO_2，用于氨场废气中回收氨，以及回收 CO、NO_x；用作汽车尾气处理剂，可吸附有害气体，减轻环境污染。

②除臭

改性沸石对氨等低分子气体除臭效果良好，具有产品稳定、吸附量大和除臭效果持久的优点；使用设备简单，设备费和生产成本费低；从设备中去除、抛弃或再生都很方便；回收和循环再生也只需通过加热等简单方法；抛弃式无危险，既可作肥料又可作土壤改良剂。

（3）沸石在土壤改良中的应用

由于人类活动的影响，世界范围内土壤的化学退化，包括土壤肥力贫瘠化、盐碱化、酸化、污染等问题日益严重。沸石通常具有很强的吸附能力和离子交换能力，作为调控土壤化学退化的材料逐步引起人们广泛关注。

天然沸石可用于土壤改良剂、单质肥料控释剂、复合肥料调理剂、生物/有机肥除臭剂、饲料添加剂、重金属离子捕集剂，农药、杀菌剂、除锈剂的载体，动物粪便及农业污水的处理等。

日本和美国对天然沸石在上述应用中的研究十分广泛，如日本应用天然沸石作为一种土壤改良剂和肥料已经有 100 多年历史，至今日本、韩国、我国台湾省，仍然是天然沸石消费量较大的市场。

开发利用天然沸石来改良土壤，达到农业上增产丰收的目的，是科技兴农的新课题，对我国人口多、耕地逐年减少的现状有巨大的现实意义。

由于沸石具有较强的阳离子交换性能、吸附选择性和自身含有作物所需的养分，因此直接将沸石施用于退化的土壤，可提高土壤盐基交换量。一般每公顷施用 $1500 \sim 3000 kg$ 沸石，能提高土壤盐基交换量 $10\% \sim 25\%$，增加土壤中的 Na^+、K^+、Ca^{2+}、Mg^{2+} 等盐基离子。在旱地上施用沸石，可以减少铵态氮转化为硝态氮的量，提高氮肥利用率，减少地表水和地下水中硝酸盐的含量，起到保肥、供肥、控肥、保水的作用。

土壤物理性状改良：沸石能促进土壤水稳定性团聚体的形成，土壤粒径＞2mm 的团粒增多，土壤孔隙度增大，表观密度降低，降低了土壤硬度，从而有利于农作物生长。

污染土壤的修复：在工农业快速发展的过程中，由于没有及时采取有效控制措施，使污染物在土壤中大量积累。这些有害物质通过植物吸收，进入食物链，影响人类健康。利用沸石作为土壤改良剂，可固定土壤中的重金属离子等有害物质，减少植被吸收的可能性。

2.4 凹凸棒石

2.4.1 概述

凹凸棒石（Attapulgite）又称坡缕石（Palygouskite）或坡缕缟石，理想的化学分子式为 $Mg_5 Si_8 O_{20} (OH)_2 (OH_2)_4 \cdot 4H_2O$，化学成分理论值：MgO 为 23.83%，SiO_2 为 56.96%，H_2O 为 19.21%。

凹凸棒石黏土为土状块体构造，颜色为灰白色、青灰、微黄或浅绿，油脂光泽，密度小（$2.0 \sim 2.3 g/cm^3$），摩氏硬度为 $2 \sim 3$ 级，潮湿时呈黏性和可塑性，干燥收缩小，且不产生龟裂，吸水性强，可达到 150% 以上，$pH = 8.5 \pm 1$，由于内部多孔道，比表面积大，可达 $500 m^2/g$ 以上，大部分的阳离子、水分子和一定大小的有机分子均可直接被吸附进孔道中，电化学性能稳定，不易被电解质所絮凝，在高温和盐水中的稳定性良好。

凹凸棒石是一种具链层状结构的含水富镁硅酸盐黏土矿物，结构属 2:1 型，在每个 2∶1 单位结构层中，四面体晶片角顶隔一定距离方向颠倒，形成层链状结构。在四面体条带间形成与链平行的通道，通道横断面约为 $3.7×6.3Å$。通道中充填沸石水和结晶水，详见凹凸棒石黏土晶体结构图（图 2-1）。在其结构中存在晶格置换，晶体中含有不定量的 Na^+、Ca^{2+}、Fe^{3+}、Al^{3+}。富 Al^{3+}、Fe^{3+} 的变种称为铝凹凸棒石和铁凹凸棒石。凹凸棒石晶体呈针状、纤维状或纤维集合状，集合体呈土状、致密块状，产于沉积岩和风化壳中，颜色呈白色、灰白色、青灰色、灰绿色或弱丝绢光泽。土质细腻，有油脂滑感，质轻、性脆，断口呈贝壳状或参差状。凹凸棒石具有良好的分散性、耐高温、抗盐碱等性质和较高的吸附脱色能力、阳离子可交换性和吸水性，有大的比表面积（$9.6~36m^2/g$）以及胶质价和膨胀容。这些物化性能与蒙脱石相似。凹凸棒石湿时具黏性和可塑性，干燥后收缩小，不大显裂纹，水浸泡崩散；悬浮液遇电介质不絮凝沉淀；莫氏硬度为 2~3，加热到 700~800℃，硬度＞5；密度为 $2.05~2.32g/cm^3$。

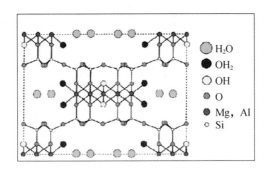

图 2-1　凹凸棒石黏土晶体结构中 ［001］面投影（据 Bailey 修改，1980）

H_2O—沸石水；OH_2—结合水；OH—结构水；O—氧；Mg，Al —镁，铝；Si—硅

凹凸棒石矿物几乎遍及世界各地，但具有工业意义的矿床所占比例不大，仅限于美国、中国、西班牙、法国、土耳其、塞内加尔、南非、澳大利亚、巴西、以色列、沙特阿拉伯、瑞士、英国、俄罗斯、吉尔吉斯斯坦、哈萨克斯坦、乌克兰、亚美尼亚、阿塞拜疆、白俄罗斯、尼日尔等国。

我国于 1979 年发现凹凸棒石黏土，已知的凹凸棒石黏土矿床多为陆相火山沉积型，主要分布在火山岩盆地中。自 20 世纪 70 年代末以来先后在四川、山东、甘肃、山西、贵州、内蒙古、湖北、河北等地发现了一批矿床（点）。除苏皖地区外，其他地区凹凸棒石黏土工业开发规模都不大（近期在甘肃靖远地区发现世界最大的凹凸棒石黏土矿床，使我国成为世界上拥有凹凸棒石黏土资源的大国）。

凹凸棒石黏土在石油、化工、建材、造纸、医药、农业等方面得到广泛应用。国内目前用量最大的是涂料、钻井泥浆、食用油脱色。凹凸棒石黏土的主要用途见表2-4，各种用途的质量要求见表2-5。

表 2-4　凹凸棒石黏土的主要用途

应用领域	主要用途	适用产品
农业	土壤改良剂，复混肥料的添加剂、胶粘剂、着色剂，种子包衣剂； 动物饲料的添加剂、黏合剂、载体，提高饲料利用率； 水产饲料的添加剂、黏合剂，净化水质； 禽畜、宠物、动物圈垫料，消毒去味，净化环境，防病、治病	白云石凹凸棒石 高黏凹凸棒石 活性凹凸棒石 白灰红胶粘剂 凹凸棒石颗粒凹凸棒石
化工	催化剂载体，用于去除石油中的水分、硫等杂质的吸附剂； 杀虫剂、杀真菌剂、除草剂、植物生长调节剂的载体等； 橡胶和塑料的填料、改良剂，鞣革，不可食用油脂的脱色和净化； 分子筛干燥剂、过滤剂、洗涤剂等，日用化工助剂、添加剂	高黏凹凸棒石 活性凹凸棒石 凹凸棒石洗涤助剂 凹凸棒石分子筛 凹凸棒石颗粒 凹凸棒石
石油	钻井泥浆材料，深海钻井、内陆含盐地层石油钻井和地热钻井的优质泥浆原料，堵漏剂，符合 API 标准和 GB/T 5005—2010 标准； 石油、油脂、石蜡、石蜡油、煤油等的精炼脱色和净化剂； 石油裂化的催化剂载体； 沥青的稳定剂； 润滑油（脂）的稠化剂	抗盐黏土 活性凹凸棒石 高黏凹凸棒石 改性凹凸棒石 凹凸棒石颗粒 凹凸棒石
冶金	铁精矿球团胶粘剂，铸造涂料，电焊条皮，增强型砂强度的黏合剂； 水化型砂的胶粘剂，表面稳定剂，水煤浆悬浮剂	凹凸棒石粉
食品	动物油的脱色和净化剂； 植物油的脱色和净化剂； 葡萄酒和果汁啤酒的澄清稳定处理，糖化处理，糖汁净化、脱色，食品添加剂	活性凹凸棒石 凹凸棒石土 颗粒凹凸棒石 改性凹凸棒石
纺织印染	填充、漂白，抗静电涂层，代替淀粉上浆； 代替海藻酸钠做印花糊料	高黏凹凸棒石 改性凹凸棒石

续表

应用领域	主要用途	适用产品
环保	处理工业废水液，空气的净化，冰箱除味，地板清洁； 水的净化，防沙治沙； 食品工业废料处理； 放射性废物的处理吸附剂，防辐射	活性凹凸棒石 颗粒凹凸棒石 改性凹凸棒石
建材工业	新型墙体材料，矿棉吸声板的胶粘剂，高镁耐火材料的耐高温涂层； 泥浆槽的悬浮液，土层的稳定剂，打夯的润滑剂，混凝土的增塑剂和添加剂，颜料，涂料油漆悬浮剂、增稠剂； 水泥混合材料，水下混凝土的外加剂，地下工程防渗漏	高黏凹凸棒石 白云石凹凸棒石 颗粒凹凸棒石 改性凹凸棒石
造纸	复写纸的染色剂，颜料填料压敏复写纸、印刷纸、复写接受纸，活性染料印刷基板，成色影像复合材料，油墨，纸张填料	活性凹凸棒石 改性凹凸棒石
陶瓷工业	增塑剂，提高陶瓷坯体的抗压强度； 釉料及搪瓷	高黏凹凸棒石
医药化妆品	药物的吸着剂； 药膏、药丸的悬浮剂胶粘剂； 化妆品的底料，缓释放香剂，蚊香	活性凹凸棒石 高黏凹凸棒石 改性凹凸棒石
机械工业	高温润滑剂	高黏凹凸棒石

表 2-5　凹凸棒石黏土各种用途的质量要求

特性	应用领域			
	石油精炼	防止粒状肥料凝固	农药载体	粘结和作胶粘剂
平均粒度（μm）	2.9	5.3	1.80	0.14
10μm 以下（%）	95	73	28	—
0.2μm 以下（%）	—	—	—	65
烧失量 982℃（%）	6	6	6	22
水分 104℃（%）	1	2	1	12
密度（g/cm³）	2.47	2.47	2.47	2.36
表面积（m²/g）	125	127	125	210
pH 值	7.5～9.5			

2.4.2　我国凹凸棒石资源储量

我国凹凸棒石资源占全球 70％以上，主要分布在江苏盱眙、安徽明光等地。内蒙古杭锦旗也发现了低品位的凹土。江苏盱眙已探明凹土储量 4408 万 t，远景资源量 8.9 亿 t，是中国凹土之都。安徽明光已探明凹土储量 2220 万 t，远景储量约 1.5 亿 t。甘肃省张掖市临泽县、白银市会宁县、靖远县等地区已探明凹凸棒石黏土储量 5 亿 t，远景储量接近 10 亿 t。研究分析表明，该黏土矿的凹凸棒石含量在 30％～45％，存在着开采难度大、矿产品位较低、加工利用难度大等问题。

2.4.3　凹凸棒石产品在环保产业的应用

（1）凹凸棒石在大气治理中的应用

凹凸棒石比表面积大，吸附性能比较强，而且富含表面活性中心，经过适当的预处理后比表面积增大，吸附性能增强，可作为吸附材料应用于废气治理中。

凹凸棒石可以吸附卷烟中的焦油以及 CO，可以吸收液脱除柴油机尾气中的氮氧化物，脱除效率达 90％。凹凸棒石对 NO_x、SO_2、NH_3 等有害气体具有较大的吸附容量，能迅速达到吸附平衡，且能反复再生，在汽车尾气治理以及工业废气的处理等方面具有应用潜力。

在大气污染的治理中，凹凸棒石作为性能优良的载体在挥发性有机物（VOCs）催化氧化、CO 的氧化以及脱硝反应中都有应用。如凹凸棒石黏土可以和工业废料粉煤灰混合负载过渡金属氧化物，制得低温 SCR 脱硝催化剂，实现废物利用。

（2）凹凸棒石在污水处理中的应用

在污水处理方面，较常用的吸附剂是活性炭，但是活性炭存在价格较高、再生方法复杂等缺点，因此在应用上具有一定的局限性。凹凸棒石在吸附方面表现出了优异的性能，具有成本低、效率高、效果好和再生方法简单等优点，是活性炭的较好替代品，在污水处理中实用性大。

凹凸棒石经过提纯、改性处理后，可显著提高对生活废水、工业废水、综合废水的治理，如造纸黑液、制革废水、印染废水、电镀废水等，可处理含镉、汞、铬、铅等重金属离子废水，COD 的去除率可达 75％以上，有机悬浮物和油脂去除率为 90％以上，同时有降氟除磷功效。对含甲醇废水、含油废水、农药废水和表面活性剂废水等也有很好的处理效果。

另外，把氧化剂固定在凹凸棒石上能够增加催化剂的反应比表面积，使反应的速率和效率加快。将 TiO_2 负载在凹凸棒石上制备光催化复合材料是常用手段，在处理有色废水等方面效果良好，脱色率高。除 TiO_2 外，金属氧化物、尖晶石氧化物也可负载在凹凸棒石上作为光催化氧化剂。

（3）凹凸棒石在土壤修复中的应用

凹凸棒石独特的吸附性能可以用在土壤污染修复中。在土壤中添加凹凸棒石可提高土壤的 pH 值，改善土壤酸性，有效降低植物对 Cu、Zn 和 Cd 等重金属离子的吸收。

2.5　硅藻土

2.5.1　概述

硅藻土是一种生物成因的硅质沉积岩，主要由古代硅藻的遗骸所组成。其化学成分以 SiO_2 为主，可用 $SiO_2 \cdot nH_2O$ 表示，矿物成分为蛋白石及其变种。硅藻土中的 SiO_2 在结构、成分上与其他矿物和岩石中的 SiO_2 不同，它是有机成因的无定形蛋白石矿物，通常称为硅藻质氧化硅（Diatomite silica）。硅藻土除含水和 SiO_2 外，还含有少量 Fe、Al、Ca、Mg、K、Na 等杂质，矿物组成除硅藻外，常伴生有各种黏土及石英、白云石等。

硅藻土中的硅藻，按其硅藻壳壁的形状和结构可分为两大类：辐射硅藻类和羽纹硅藻类。辐射硅藻类硅藻土，被发现于自侏罗纪到现代的沉积物中。硅藻有圆形、椭圆形及三角形藻瓣，结构呈放射状、同心状排列，无缝。羽纹硅藻类硅藻土出现于渐新世到现代的沉积物中，形状较复杂，有披针形、线形、S 形等。

纯净的硅藻土一般呈白色，常因含铁的氧化物或有机质而呈灰白、浅黄、灰至黑色。条痕为白色，土状光泽、无解理、质轻、多孔、易碎成土状，但硅藻微粒的硬度可达 4.5～5。硅藻土的密度视杂质含量而变，一般纯净干燥的土块密度为 $0.4\sim0.5g/cm^3$。其熔点为 1400～1650℃，除氢氟酸外不溶于其他酸类，但易溶于碱。硅藻土的孔隙率大，能吸附自身质量 1.5～4.0 倍的水。硅藻土的特殊孔隙结构表现在四个方面：堆密度为 $0.2\sim0.6g/cm^3$；孔体积为 $0.4\sim1.4cm^3/g$；比表面积为 $19\sim65m^2/g$；孔半径为 $500\times10^{-10}\sim8000\times10^{-10}m$。

根据矿石中黏土等杂质含量的不同，硅藻土可分为一般硅藻土、含黏土硅藻土、黏土质硅藻土和硅藻黏土等类型。其中，一般硅藻土为主要矿石类型，白-灰白色及灰绿色，质轻，细腻，多孔隙，具生物结构，各类硅藻含量大于90%，黏土含量小于5%，矿物碎屑为1%左右；含黏土硅藻土为较主要矿石类型，硅藻含量大于75%，黏土含量为5%～25%，矿物碎屑为2%左右，其他特征与硅藻土相同；黏土质硅藻土，硅藻含量为50%～70%，黏土矿物含量为25%～30%，矿物碎屑为5%左右，灰黄-灰绿色，较致密，粘结性强；硅藻黏土，灰黄-灰绿色，较致密，粘结性强，硅藻含量为30%～40%，黏土含量为5%，矿物碎屑为3%～10%。硅藻黏土多为硅藻土与黏土之间的过渡类型。

硅藻土特殊的结构构造，使其具有诸多特殊的技术和物理性能，主要包括大孔隙度、强的吸附性、质轻、隔声、耐热、耐磨和碱反应活性等。

硅藻土的颜色为白色、灰白色、灰色和浅灰褐色等，有细腻、松散、质轻、多孔、吸水和渗透性强的特性。硅藻土中的硅藻有许多不同的形状，如圆盘状、针状、筒状、小环状、羽状等。松散密度为0.3～0.5g/cm³，莫氏硬度为1～1.5（硅藻骨骼微粒为4.5～5mm），孔隙率达80%～90%，能吸收其本身质量1.5～4.0倍的水，是热、电、声的不良导体，熔点为1650～1750℃，化学稳定性高，除溶于氢氟酸以外，不溶于任何强酸，但能溶于强碱溶液中。

硅藻土的二氧化硅多数是非晶体，碱中可溶性硅酸含量为50%～80%。非晶型二氧化硅加热到800～1000℃时变为晶质二氧化硅，碱中可溶性硅酸可减少到20%～30%。

由于硅藻土具有孔隙度大、吸附性强、表观密度小、熔点高、隔热吸声、化学性能稳定等工艺特性，所以被广泛应用于轻工、化工、建材、环保、农药和化肥等许多领域。

在工业过滤领域，硅藻土可被用来加工成助滤剂用于啤酒、饮料、油脂、化学试剂、药品和水体的过滤；在填充材料领域，硅藻土可用作油漆、涂料、塑料、橡胶和改性沥青的填充剂，改善填充制品的性能；在建材工业领域，硅藻土可被用来生产保温板、保温砖、保温管和微孔硅酸钙板保温隔热制品；在环保领域，硅藻土可被用来处理工业废水和生活污水；在石油化工领域，硅藻土可作为氢化过程的镍催化剂、生产硫酸中的钒催化剂的载体；还可利用其碱反应活性制取白炭黑；在化肥和农药领域，硅藻土是较理想的载体和防结块剂；硅藻土还可作为加工精细磨料、抛光剂、清洗剂、气相色谱载体、洗涤剂、化妆品和炸药密度调节剂等产品的原材料。

由于硅藻土特殊的结构构造，使其具有许多特殊的技术和物理性能，如大的孔隙度，较强的吸附性，质轻、隔声、耐磨、耐热，并有一定的强度，可用来生产助滤剂、吸附剂、催化剂载体、功能填料、磨料、水处理剂、沥青改性剂（填料）等，广泛应用于轻工、食品、化工、建材、石油、医药、高等级公路建设等领域。表 2-6 为硅藻土的主要用途和质量要求。

表 2-6　硅藻土的主要用途和质量要求

应用领域	主要用途	技术要求
工业过滤	生产助滤剂用于啤酒、饮料、炼油、油脂、化学试剂、药品、水等液体的过滤	要求非晶质 SiO_2 的含量大于 80%，有适当的粒级和形态特征，有害微量元素含量不应超过规定标准
填料和颜料	油漆、涂料、橡胶、塑料、改性沥青（高等级公路路面材料）等	原矿硅藻含量较高或经过选矿提纯的硅藻精土
保温隔热和轻质建材	轻质保温板、保温砖、保温管、微孔硅酸钙板等	要求非晶质 SiO_2 的含量大于 55%，其他杂质不起决定性作用
环保	工业废水和生活污水的处理、水体净化	要求非晶质二氧化硅含量高，黏土及石英、长石和其他矿物碎屑少的硅藻精土
石油化工	氢化过程中镍催化剂，生产硫酸中的钒催化剂及石油磷酸催化剂等的载体，制备白炭黑	比表面积和孔隙体积越大越好
化肥、农药	化肥、农药的载体和防结块剂	比表面积和孔隙体积越大越好
其他	精细磨料、抛光剂、清洗剂、气相色谱载体、清洗剂、化妆品、炸药密度调节剂等	要求非晶质二氧化硅含量高，黏土及石英、长石和其他矿物碎屑少的硅藻精土

2.5.2　我国硅藻土资源储量

我国共发现硅藻土矿 70 余处，查明资源储量超过 5 亿 t，远景储量超过 20 亿 t，位列世界第二、亚洲第一，主要分布在吉林、云南和浙江 3 省（约占全国已探明储量的 80%），其余的硅藻土资源则零散分布在山东、河北、四川、广东、黑龙江、内蒙古和海南等地。其中吉林省探明储量最多，约 2.1 亿 t，约占全国一半，远景储量超过 10 亿 t。吉林长白山地区探明储量 6000 多万吨，远景储量超过 6 亿 t，是目前发现的中国最大的优质硅藻土资源地，也是目前世界上储量达上千万吨的优质硅藻土产地之一。云南省探明储量 2 亿 t，远景储量超过 6 亿 t。浙江省探明储量 0.43 亿 t，远景储在全球范围内可直接加工利用的优质硅藻土资源十分稀少，目前只在美国加利福尼亚州和中国吉林省发现。我国优质硅藻土资源占总储量的 20％，其他以中低品位为主。储量居全国首位的吉林省拥有占全国 50％的硅藻土资源储量，同时占有全国 95％以上的优质硅藻土资源，仅长白矿区的优质硅藻土储量就达到上千万吨。

2.5.3 硅藻土产品在环保产业的应用

（1）硅藻土在废水处理中的应用

水环境污染治理的问题是当前环保领域研究的热点问题。硅藻土有比表面积大、吸附能力强等优点，在废水处理领域得到了广泛关注。硅藻土作为一种性能优异的吸附剂，可以根据需求对其改性，扩大其吸附范围及吸附能力，能有效降低污水中金属离子、有机污染物及固体颗粒等多种杂质含量。

硅藻土表面及内部存在大量羟基，呈电负性，这种带电特性使其能够有效吸附水中的 Cu^{2+}、Cr^{2+}、Pb^{2+} 和 Zn^{2+} 等金属阳离子，能对胶体颗粒起到脱稳、沉降、吸附和除杂的作用。

提纯改性处理过的硅藻土可以净化含重金属废水，使 Cd^{2+} 浓度能够达到国家允许排放标准以下，对 As^{5+}、Hg^{2+}、Pb^{2+}、Cu^{2+}、Zn^{2+} 的吸附去除率达到 60％～90％，一定条件下对 Zn^{2+} 的去除率可达到 99％；对焦化工业废水、造纸废水、印染废水中的 COD 去除率能够达到 70％～80％，脱色率高达 90％以上，净化后的污水能够完全达到国家污水排放标准，其净化效果优于传统絮凝剂；对城市生活污水中的 COD、氨氮、总磷的去除率能够分别达到 60％、15％和 90％以上；对含油废水的去除率可达 90％以上。

硅藻土亦可用于垃圾渗滤液的处理，垃圾渗滤液中含有大量的难生物降解的有机物，硅藻土可将其吸附去除。研究表明，硅藻土经 PAC 复选法改进后投放量会更少，COD 的平均去除率也有较大提高。

此外，硅藻土在橡胶促进剂生产废水、含氟废水、电镀废水等领域也能发挥很好的污染物去除效果。

（2）硅藻土在土壤改良中的应用

土壤重金属污染涉及食品安全的重要环境问题。重金属离子通过植物吸收进入食物链，或者因渗漏作用进入地下水和土壤中，对人类的生存及生态环境造成严重的威胁，因此对土壤重金属污染的治理已经迫在眉睫。铅、镉、铜等重金属污染土壤后会长时间存在，当累积到一定量时就会对人类和生态环境的健康造成极大的威胁。

研究表明，硅藻土可以有效固定土壤中的 Cu^{2+}、Zn^{2+}、Pb^{2+}、Cd^{2+} 等重金属离子，降低其生物有效性，保持土壤中有效重金属离子的动态平衡。此外，无定形的硅藻土颗粒能够通过自身的多孔结构负载肥料，对氮磷钾具有良好的缓释作用，从而起到改良土壤的作用。

目前的问题是，硅藻土作为稳定剂或土壤改良剂在土壤修复方面的研究较少，大大影响了其工业化应用。而且，硅藻土固定了土壤中的重金属后，只是使重金属离子在土壤中维持一种动态平衡，并未消失，随着环境条件的变化，重金属离子还存在着被重新释放出来的隐患。

（3）硅藻土在室内空气净化中的应用

装修引发的室内空气污染和健康问题已引起人们的普遍关注，伴随着健康环保理念的提高和新材料技术的发展，人们对装饰装修材料提出了更高的要求。

硅藻土可以有效地吸附从装修材料中自由散发游离到空气中的甲醛、苯、氨等装修污染产生的有害气体，在光的作用下还可以将空气中的氧气还原成负氧离子，改善空气质量。硅藻土具有很强的呼吸调湿作用，可以自动调节室内湿度在 45％RH～70％RH 的范围，也不利于霉菌滋生。

目前市场上研制出多种以硅藻土为原料的装饰材料，主要分为硅藻土装饰壁材和硅藻土装饰板材两大类。

①硅藻土装饰壁材包括硅藻土涂料、硅藻泥、硅藻土壁纸等。硅藻泥装饰壁材具有净化空气、呼吸调湿、吸声降噪、防霉杀菌、保温隔热、防火阻燃等作用，同时，它还具有非常强的可塑性，这是传统墙体装饰材料——墙纸、乳胶漆等无法比拟的，可在家居、公寓、幼儿园、老人院、医院、酒店、写字楼等广泛应用。

②硅藻土装饰板材是指用硅藻土制成的各种形状的板材，不仅具有湿度调节、防止结露、抑制霉菌生长等作用，也因不使用胶粘剂，没有对人体有害的甲醛等挥发物。

功能型硅藻土装饰装修材料具有极高的开发价值，既可满足人们对装饰效果的美观要求，又因硅藻土自身独有的特征赋予墙壁新功能，有着广阔的发展空间。

（4）硅藻土在光催化中的应用

利用硅藻土的催化剂载体性能，将硅藻土与 TiO_2 复合，一方面，通过表面硅羟基与 TiO_2 颗粒之间形成 Si—O—Ti 结合，实现 TiO_2 固定化；另一方面，利用硅藻土的大比表面积与吸附能力，富集污染物于催化剂周围，增大降解速率，提高降解效率，使 TiO_2/硅藻土复合光催化材料在水体有机污染物的降解、室内外空气净化、重金属污染物的降解和抗菌抑菌等方面发挥出独特的作用。

2.6 海泡石

2.6.1 概述

海泡石是一种富镁硅酸盐黏土矿物。其理论化学式为 $Mg_8[Si_{12}O_{30}](OH)_4 \cdot 12H_2O$，水分子中有 4 个为结晶水，其余为沸石水。$SiO_2$ 含量为 $54\%\sim60\%$，MgO 含量为 $21\%\sim25\%$，并常含有少量铁、锰等元素。其外观有两种，一种为土状海泡石，另一种为纤维状海泡石。硬度为 $2\sim2.5$，密度为 $2.2g/cm^3$。干燥者可浮于水。颜色多变，一般为白、浅灰色，常见的还有浅红、淡黄、褐色等。

根据其产出形态特征，大体可分为土状海泡石（或称之为海泡石黏土）和块状海泡石。该矿物在自然界中分布不广，常与凹凸棒石、蒙脱石、滑石等共生。

海泡石的矿物结构与凹凸棒石大体相同，都属链状结构的含水铝镁硅酸盐矿物。在链状结构中也含有层状结构的小单元，属 2:1 层型，所不同的是这种单元层与单元层之间的孔道不同。海泡石的单元层孔洞可加宽到 $3.8\sim9.8\text{Å}$，最大者可达 $5.6\sim11.0\text{Å}$，即可容纳更多的水分子（沸石水），使海泡石具有比凹凸棒石更优越的物理、化学性能和工艺性能。这就是海泡石成为该族矿物中具有最佳性能和广泛用途的关键所在。同时，又因它的三维立体键结构和 Si—O—Si 键将细链拉在一起，使其具有一向延长的特殊晶型，故颗粒呈棒状，微细颗粒则呈纤维状。结构中的开式沟枢与晶体长轴平行，因而这种沟枢的吸附能力极强。

海泡石属斜方晶系或单斜晶系，$a_0=1.34nm$，$b_0=2.68nm$，$c_0=0.528nm$，$\beta=90°$；$Z=2$。存在一维结构通道，通道横截面积为 $0.37\times1.64nm^2$，因而含较多的沸石水，晶体结构可见图 2-2。加热后会失水，伴随着加热失水，海泡石的结构将产生折叠作用，即四面体片在转折部位弯曲，并缩小通道的体积，从而使其吸附性降低。颜色多变，一般呈淡白或灰白色；具丝绢光泽，有时呈蜡状光泽；条痕呈白色，不透明，触感光滑且粘舌；莫氏硬度一般在 $2\sim2.5$；体质轻，密度为 $1\sim2.2g/cm^3$，收缩率低，可塑性好，溶于盐酸。

海泡石的化学式为 $Mg_8(H_2O)_4[Si_6O_{16}]_2(OH)_4 \cdot 8H_2O$，有少量置换阳离

子，如 Mg^{2+} 可为 Fe^{2+} 或 Fe^{3+}、Mn^{2+} 等置换。其电荷主要由四面包体中的 Al^{3+} 和 Fe^{3+} 对 Si^{4+} 的类质同象置换所产生，故能产生变种海泡石。

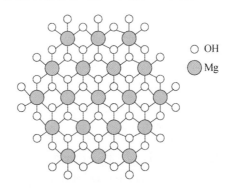

○ OH
● Mg

图 2-2　海泡石的晶体结构

由于海泡石理论总表面积可达 $900m^2/g$，孔体积 $0.385mL/g$，故有极强的吸附、脱色和分散等性能。常温常压下，海泡石吸附的水比其本身质量大 2～3 倍。

海泡石的热稳定性好，在 400℃ 以下结构稳定，400～800℃ 脱水为无水海泡石，800℃ 以上才开始转化为顽火辉石和 α-方英石；耐高温性能可达 1500～1700℃，造型性及绝缘性好，抗盐度高于其他黏土矿物。

由于海泡石的针状颗粒易在水中或其他极性溶剂中分解而形成杂乱的包含该介质的格架。这种悬浮液具有非牛顿流体特性。这种特性与海泡石的浓度、剪切应力、pH 值等多种因素有关。

海泡石具有良好的吸附性能，在水中易于分散也易于分离，部分海泡石为纤维状，用途十分广泛。应用领域及主要用途：油脂石油精炼、吸附剂、脱色剂、过滤剂、酿造、化工、分子筛、医药、离子交换剂、陶瓷珐琅原料及特种陶瓷、铸造、建筑保温隔热材料、塑料橡胶填料、电焊条、制烟、特殊纸张、催化剂载体和农药载体、钻井泥浆等。

纤维状海泡石主要用作石棉代用品、助滤剂、脱色剂、吸附剂、催化剂载体、增稠剂、涂料等，而土状海泡石主要应用于胶凝剂、胶粘剂以及钻井泥浆等领域。

（1）石棉替代材料

脉状海泡石由于其针状晶型和颗粒的纤维状外形，可用于代替石棉而广泛应用于高档涂料、摩擦材料、屋面材料等领域。用海泡石制成的涂敷性保温材料具有导热性低、保温性能好、强度高等特点，且具有无毒、无污染、耐油、耐碱、耐腐蚀、防火、附着力强、不易裂缝等性能。此外，海泡石保温材料还具有用量少、涂料薄，对管道可直接涂敷，不用捆扎的特点，因而施工方便，且降低成本，节省能耗。此外，脉状海泡石应用于涂料可以起到一定的增稠和提高强度的作用。目前，很多保温、密封材料厂都注重了海泡石在特殊保温节能方面的应用。在摩擦材料中加入海泡石胶体代替石棉作增强基料，可使其具有韧性好、抗拉和抗弯强度大、冲击强度高、抗高温老化性好、磨损小，特别是高温磨损小的特点。此外，制品的密度比石棉摩擦片小，刹车无噪声、无致癌物、无污染，且能降低成本，提高质量。

（2）吸附材料

由于海泡石具有很强的吸附能力，所以是一种常用的吸附剂。用作高档吸附材料的一般是经过提纯的脉状海泡石，这种海泡石具有容易在水介质中分散，同时也容易分离的优点。利用海泡石的吸附性能制备的产品有猫砂、干燥剂等。

（3）催化剂载体

单独的天然海泡石用作催化剂的例子很少，大多是利用改性海泡石作催化剂。由于海泡石具备作催化剂载体的良好条件，工业上常用它作为活性组分 Zn、Cu、Mo、W、Fe、Ca 和 Ni 的载体，用于脱金属、沥青以及加氢脱硫或加氢裂化等过程，而且也可通过海泡石的改性使之适用于各类催化反应。由于用作催化材料对海泡石的纯度有较高的要求，一般使用脉状海泡石，且对其微量元素含量有较严格的要求。近年来国内外有不少学者以海泡石为材料，研究了其在加氢、氧化、裂解、异构、聚合等催化反应中的作用。

（4）塑料、溶胶、聚酯、油漆、油脂增稠剂等

海泡石具有流变性和高黏度的悬浮性，改善它的表面性质可在非极性溶剂中形成稳定的悬浮液。因此，海泡石适用于作塑料溶胶中的增稠剂。用表面活性剂改善海泡石的表面性质，使其与聚酯相适应。作为增稠剂和触变剂用在液态聚酯树脂中，可防止颜料沉淀和克服应用后期聚酯树脂均质差等缺点。在油漆中加入一定量的海泡石，可使其在储存期间避免颜料沉淀。由于其黏度特性，易于使用刷子、滚筒、空气式真空喷涂设备施工；它产生的遮蔽力可使制品具有良好的光泽和去污性、抗摩擦性、抗弯曲性、抗流淌性、平滑性和热稳定性，而且霉菌不易生长；黏性也不会因硬水和温度的影响而改变。此外，活化改性海泡石可作为具有有机载体油漆的增稠剂和触变剂。海泡石用于矿物油脂中，能充分分散以提高油脂的黏度，经表面活性剂处理后，在 $w = 1.5\%$ 青酮和矿物酮与 $w = 50\%$ 聚丁烯的混合物中，也能分散形成高黏度的油脂。

（5）洗涤及漂洗剂、脱色剂、助滤剂、抗胶凝剂等

用海泡石取代高达 30% 的脂肪酸制成肥皂，可提高肥皂的洗涤率。与蒙脱

石和高岭土相比，不仅可以提高清洗的质量和去污垢的能力，而且可以吸附细菌，使纺织物上或洗涤水中的细菌达到极低的程度。脉状海泡石还具有优良的脱色特性，在石蜡、油脂、矿物油和植物油脱色过程中，常被用作脱色剂、中和剂、除臭剂和脱水剂。海泡石经过提高比表面积处理后，能滞流各种流体，作抗胶凝剂和自流剂，可控制混合物的湿度或覆盖液化制品的表面。在葡萄糖的生产过程中，作为脱色剂的同时，又可作为澄清剂。

（6）香烟过滤嘴、饲料添加剂、胶粘剂

烟草的烟雾是由大量的微液滴组成的，它以悬浮气态存在。活性炭材料滤嘴，能不加选择地吸附烟的气态物。若用海泡石和活性炭作香烟滤嘴，就能有选择地吸附香烟中的气态物，即优先吸附有害气态物，对香烟烟草味的弱极性气体吸附得很少，从而使香烟的香味更浓。

（7）深海钻井泥浆

国外在石油钻井中早已把海泡石用作抗盐黏土，并在 API 标准中为该类产品制定了质量指标和试验规范。

2.6.2　我国海泡石资源储量

全球已探明的海泡石储量约为 8000 万 t。我国海泡石资源比较丰富，湖南、江西、河北、河南、陕西、安徽等省市均有海泡石矿藏发现，著名的大型海泡石矿床有湖南省永和海泡石矿床、江西省乐平县牯牛岭海泡石矿床和陕西省宁强县海泡石矿床。全国海泡石已探明储量 2600 万 t，90％分布在湖南，具有工业开采价值的有 3 处，主要分布在湖南湘潭、浏阳、醴陵等地，湘潭海泡石已探明储量在 2200 万 t，占全国 80％，占世界 25％。海泡石伴生矿物常以滑石、石英、方解石为主，其次为蒙脱石、高岭石、白云石、绿泥石、沸石、坡缕石等。海泡石天然矿物品位一般较低，选矿提纯后可将海泡石含量富集到 90％以上，大大提升应用性能。一般的海泡石会含有少量的石棉成分，比率在 5％～30％，且很难把石棉从海泡石中分离出来。湖南湘潭海泡石不含石棉，应用价值更高，可用于环保产品等。

2.6.3　海泡石产品在环保产业的应用

（1）海泡石在废水治理中的应用

海泡石可以吸附各种有机污染物、重金属、有害非金属、硝酸盐、含氟废水、放射性核素等无机污染物。在水污染治理中可作为一种高效和易再生的新型吸附剂。

有机污染物处理：经过处理改性的海泡石对造纸废水、印染废水、铝材切削液废水中的有机污染物如 COD 的去除率和脱色率可达 80％以上，对印染废水中的染料脱色率可达 80％以上，对含油废水中 COD 和油的去除率分别达 90％和 80％以上，对养殖废水中氨氮的去除效果可提高到 40％以上，对城市垃圾渗透液中 COD 和 TOC 降解率均为 50％以上，对地表水和地下水中腐殖酸的吸附去除率达 70％以上，对水中氨氮的去除率达 70％～90％。

除此之外，海泡石或改性海泡石还可以用来处理微囊藻、果糖、双酚 A、丙酮、甲苯、氯苯、六氯丁二烯、苯乙烯、萘、菲、十溴联苯醚、氯草敏、苯噻酰草胺、有机磷、阿特拉津等有机物，对大部分有机物具有较好的吸附效果，对某些有机物的吸附性能还有待提高。在处理有机染料和含油废水时，表现出了良好的循环利用性能。

无机污染物处理：海泡石可以处理工业废水、城市污泥、农药等带来的重金属污染，对 Cu^{2+}、PO_4^{3-}、F^- 的吸附率达 80％以上，对 Cr^{6+}、Co^{2+}、Ni^{2+}、Zn^{2+}、Hg^{2+}、Pb^{2+}、As^{3+}、As^{5+}、放射性核素（Sr^{2+}、Eu^{3+}）的吸附率达 90％以上，对 Cd^{2+}、硝酸盐的吸附率达 95％以上。

（2）海泡石在气体净化中的应用

海泡石具有优先吸附甲醛、苯、总挥发性有机化合物等有害气体的特点，可被用于装修污染治理、除异味和汽车内空气净化等。改性海泡石对有害或有恶臭味的气体具有较好的吸附性，尤其是含氮化合物，如氨气、甲醛、硫化物、腐胺和尸胺等有极强的吸附作用，广泛用于干燥剂和吸附除臭剂等。

改性的海泡石加入一定量的活性炭是卷烟过滤嘴的理想原料，可以吸附烟雾中的 CO、CO_2 等小颗粒和去除危害人体的腈、丙酮和丙烯醛等气态的极性化合物；用 110～500℃的温度烘烤后的改性海泡石能够去除 N_2、CO_2、NH_3 和 H_2O；改性海泡石适用于室内悬挂净化空气，放置于冰箱中可极大地降低有害气体的浓度，保持冰箱的清洁；也可用于纸张中，作为鞋底、鞋垫和墙壁装饰纸等，达到吸潮除味的目的。近年来，提纯改性海泡石也被应用于防雾霾口罩、吸醛海泡石功能壁材中。据悉，海泡石防雾霾口罩不仅能高效滤除甲醛、苯、TVOC、二氧化硫、氮氧化物等有害气体，同时具备强大的抗菌功能，对 $PM_{2.5}$ 的一次过滤效率达到 99％。

（3）海泡石在土壤修复中的应用

改性后的海泡石对土壤中 Cd^{2+}、Zn^{2+}、Pb^{2+}、Cu^{2+} 有很好的固化吸附效

果。将海泡石作为钝化材料，分别与磷肥、生物炭和硅肥复配，均可有效降低土壤中镉的生物有效性，降低糙米中镉含量的比率可达 30%～70%。

另外，海泡石基钝化剂能有效降低猪粪中铜、锌的活性及其生物吸收性，且以改性海泡石-赤泥作为钝化剂效果最优。

2.7 重晶石

2.7.1 概述

重晶石是硫酸盐类矿物，其化学式为 $BaSO_4$，化学成分：BaO 为 65.7%，SO_3 为 34.3%。常含锶和钙，与 Ba 类质同象。

我国重晶石资源十分丰富，探明储量居世界前列，全国有 22 个省、市、自治区都有分布。其中以广西为最多，湖南、陕西、贵州、甘肃、湖北、福建、山东等省的重晶石资源也比较集中。全国重晶石主要矿产地有 50 多处，大型矿床多集中于南方，北方较少。在现有的产地中，近一半是重晶石与其他矿产伴生，有的选矿困难，富矿少，有相当一部分矿床位于交通不便的地区。

我国的重晶石矿中，硫酸钡含量大都在 95% 以上，有一小部分为 90%，品质较好，可广泛应用于化学工业、石油钻探和油漆工业等方面。

重晶石为斜方晶系，晶胞中每个 Ba^{2+} 与 7 个 $[SO_4]$ 四面体连接，配位数是 12。晶体常呈厚板状，集合体常呈粒状或晶簇，少数呈致密状、钟乳状和结核状；重晶石纯洁者无色透明，一般多为白色，有时因含杂质染成灰、红、黄褐、暗灰或黑色，玻璃光泽，解理面是珍珠光泽，硬度为 3～3.5，性脆，密度为 4.3～4.5g/cm^3。重晶石化学性质稳定，不溶于水和盐酸，无磁性和毒性。

重晶石是制取钡和钡化物的主要工业矿物原料。重晶石主要用作制取钡的化学品，如碳酸钡、氯化钡、锌钡白、氢氧化钡和氧化钡等，这些含钡化学品主要用于白色颜料、橡胶填料、医药、陶瓷、光学玻璃、制革、军工等方面；重晶石粉主要用作石油天然气钻井泥浆加重剂，并可作纸张、油漆及橡胶等的填料。由于重晶石具有吸附 γ 射线的性能，因此可用作混凝土骨料以屏蔽核反应堆和作科研、医院防 X 射线的建筑物。

重晶石可作锌钡白及各种钡化合物，用于制油漆和其他颜料及作高级橡胶制品、油布等的填料。此外，还可用作提取金属钡、电视和其他真空管的吸气剂、胶粘剂，钡与其他金属（铝、镁、铅等）制成合金，用于轴承制造。

2.7.2　我国重晶石资源储量

我国重晶石资源丰富，广泛分布于 22 个省市区，除东北地区外，其余地区均有产出，大部分产地和资源储量集中分布在中部地区。目前，全国已探明储量的矿区约有 195 处，总查明资源储量矿石 3.9 亿 t，其中以贵州省重晶石矿最多，保有储量占全国的 34％；湖南、广西、甘肃、陕西等地次之，合计占全国储量的 46％。2018 年贵州镇远县探明大型重晶石矿床，资源储量约为 808 万 t。

2.7.3　重晶石产品在环保产业的应用

重晶石具有吸收 X 射线的性能，在环境工程中的应用主要是生产防辐射材料，如钡水泥、重晶石砂浆和重晶石混凝土等，用于代替金属铅板屏蔽核反应堆和建造科研院所、医院等需要防 X 射线的建筑物。

重晶石价格比铅板低廉，施工简便，粘结牢靠，无腐、无毒、无味，不龟裂、不脱落，是高能射线防护很好的防护材料。硫酸钡中最关键在于里面的钡元素，这种元素能够与金属铅一样，内核质量大，射线的能量容易被这些重金属内核吸收掉，使射线不容易穿透它们，因此具有阻挡射线的作用。硫酸钡还具有密度高的特点；能吸收各种辐射、防护强度高、使用寿命长；是 CT 机房楼面、墙面等辐射的最佳防护用品。

目前，在防辐射水泥研究应用领域，国内外研究和应用的主要是钡水泥、铬水泥、含硼水泥。很少能见到集防 γ 射线、X 射线和中子射线于一体的高效防辐射水泥。水泥不是最终产品，水泥的性能要通过混凝土来体现。对单纯的防辐射水泥的研究少之又少，更多的是关于防辐射混凝土的相关研究。在防辐射混凝土研究领域，更多的是以普通水泥、重骨料、合适的活性掺合料和适量外加剂制备的高性能混凝土。关于防辐射混凝土研究最多的是其配合比设计、施工工艺和防辐射性能，其中所用重骨料主要是重晶石。

2.8　电气石

2.8.1　概况

电气石的化学通式为 $XY_3Z_6[Si_6O_{18}](BO_3)_3(OH)_4$。其中 X 的位置主要被

Na^+、Ca^{2+}、K^+占据；Y 的位置主要被 Mg^{2+}、Fe^{2+}、Al^{3+}、Li^+占据；Z 的位置主要被 Al^{3+}占据；由于 X、Y、Z 位置的置换以及形成环境的不同，形成了众多的电气石种类。当 Y 以 Mg 为主时，称为镁电气石；以 Fe 为主时，称为铁电气石或黑电气石；若 Mn 进入此位置，则称为钠锰电气石；电气石以 Li＋Al 为主时，称为锂电气石，在锂电气石中，部分 OH 常被 F 取代。

世界上许多国家如巴西、澳大利亚、马达加斯加、美国、斯里兰卡、缅甸、俄罗斯、坦桑尼亚、意大利、肯尼亚、阿富汗等出产电气石。中国电气石分布较广，全国除上海、天津、重庆、宁夏、海南、江苏和港、澳、台地区外，其余 25 个省、市、自治区均发现有电气石产出。已知的电气石产地有 150 多处，其中 80 多处有一定规模。我国西部地区电气石资源尤为丰富，17 个主要电气石矿带中有 10 个分布在西部。初步估计我国电气石矿物潜在资源量在数千万吨以上，仅内蒙古四子王旗某电气石矿床的矿物资源量就达 200 万 t。

电气石的晶体结构为三方晶系，其基本特点为硅氧四面体组成复三方环，B 配位数为 3，组成平面三角形，Mg 配位数是 6（其中 2 个是 OH^-），组成八面体，与 [BO_3] 共氧相连。在硅氧四面体的复三方环的孔隙中充填 Na，配位数是 9。环间以 [$AlO_5(OH)$] 八面体相连接。电气石为复三方单锥晶类，晶体呈柱状。集合体呈棒状、放射状、束针状，也呈致密块状或隐晶质状。

电气石的颜色随成分不同而差异较大，富含铁的电气石呈黑色；富含锂、锰和铯的电气石呈玫瑰色或淡蓝色；富含镁的电气石常呈褐色和黄色；富含铬的电气石呈深绿色。电气石硬度为 7～7.5，密度为 3.03～3.25g/cm³。随着成分中铁、锰含量的增加，电气石密度也随之增大。

电气石具有压电性和热释电性等独特的物理化学性能，并由此形成具有远红外波段的电磁辐射、产生负氧离子以及抗菌、除臭等功能。利用电气石的上述性质，近年来它被广泛应用于功能纤维、纺织、服装、涂装材料、饮水净化、建材、日用品以及复合材料等领域。

温度和压力等的变化可引起电气石晶体产生电势差，这使周围的空气发生电离形成电场，该电场再使水分子电离形成 H^+ 和 OH^-，而 OH^- 与水分子结合便形成羟基负离子（$H_2O \cdot OH^-$ 或 $H_3O_2^-$）。研究认为，羟基负离子是一种对人体具有保健作用（消除人体内多余的活性氧、调节人体体液 pH 值）和对环境具有净化功能（中和正离子、分解有害气体和微生物、吸附有害物质）的物质。释放羟基负离子是电气石的主要功能。

基于释放羟基负离子的作用，电气石的应用领域和方式如下：

（1）在建筑室内用装饰材料领域，以电气石超细粉为主要成分的无源负离子发生材料可在建筑涂料、强化木地板、实木地板、壁纸等装饰材料的制造过程中与装饰材料复合，通过复合使负离子发生材料附着在这些装饰材料的表层，从而使装饰材料具有释放羟基负离子和环保、保健功能。

（2）在纺织纤维制造领域，电气石可复合在纺织品（保健内衣、窗帘、沙发套、卧枕等物品）中，制成保健用品，发挥其远红外线对人体的有益作用，促进人体血液循环及新陈代谢。

（3）在环保领域，电气石可用于吸附重金属离子。电气石晶体表面静电场可将重金属离子吸附到晶体负极，使局部重金属离子浓度增高，与电气石表面羟基解离而产生的 OH^- 发生反应，形成各种沉淀或碱式盐析出，且不会有副作用产生。

（4）在水体净化领域，电气石可用于水的活化。平常人们饮用的水中，由于氢键作用，水分子被缔和成大分子团，导致水分子活性降低和老化。用电气石制成的陶瓷球等制品处理饮用水，其发射的远红外线与水中氢键共振可将水活化成小分子水。

（5）在农业领域，电气石用于改良土壤，促进植物生长。电气石产生的静电场，周围的微弱电流及红外特性可提高土壤温度，促进土壤中离子的移动，活化土壤中水分子，有利于植物对水分的吸收，刺激植物的生长。

（6）在宝石加工领域，色泽鲜艳美观、清澈透明的电气石（即碧玺），可加工成宝石。

（7）在其他领域，电气石可用来制备抗菌保鲜包装材料，如塑料薄膜、箱体、包装纸及纸箱等，也可作为牙膏、化妆品等的添加剂；在电子设备和家用电器部件中复合电气石，可消除正离子的有害作用；电气石也可用来制造具有抗菌、杀菌、除臭等功能的远红外辐射复合陶瓷。

2.8.2 我国电气石资源储量

我国的电气石资源较丰富，潜在资源量较大，分布较广。到目前为止，全国除上海、天津、重庆、宁夏、江苏、海南及港、澳、台等地未见报道有电气石产出外，其余25个省、市、自治区均发现有电气石产出，特别是西部地区的电气石资源较丰富。全国已知电气石产地有150多处，80多处具一定规模。初步估计我国电气石潜在资源量在数千万吨以上。虽然电气石产地分布广，但有些地区目前仅见到电气石矿化，并无工业利用意义，而一些地区的电气石产出又具相对集中、矿化较强的特征。

当前，我国电气石矿产资源尚不太清楚，由于没有专门的地质部门对电气石矿产资源进行勘察和评估，目前掌握的信息仅是从以往区域地质调查中对一些电气石矿点进行检查和分析的结果中得到的。在国家储量表上只显示了两个矿床，十多万吨的矿物量。这与实际发现的矿床和探明的储量差距很大。据有关专家估计，我国电气石矿物储量应在 2000 万 t 以上，资源潜力非常巨大，可以满足当前工业发展对电气石的需要。

2.8.3　电气石产品在环保产业的应用

电气石在环境工程中的应用主要是用作健康材料，由于自极化效应使电气石具有一些环境功能属性如在无源条件下可产生负离子；具有远红外发射功能；调节水的 pH 值至中性；活化水分子及其他功能。这些环境功能属性使电气石具有广泛的应用。

电气石作为环境功能材料已得到国内外环境科学界的公认，在中国、日本、美国、韩国等国家，电气石用于居室等小环境的改善已实现了产业化。

（1）电气石在健康材料中的功能及应用

电气石具有放射 $4\sim18\mu m$ 波长的远红外线的特性。人体是经常释放热量的，电气石会吸收这种热能并转换成负离子和远红外线反作用于人体。远红外线可以温暖细胞，改善血液循环，促进新陈代谢，增强细胞的活力，也就是常说的温热效应。利用电气石的这一特性，对人体某些疾病进行治疗、美容及改善心情方面的各种作用正在得到广泛的证明，如消除疲劳、增强胃肠功能、缓和疼痛、缓解风寒体质等。

（2）电气石在负离子材料中的功能及应用

空气负离子的分子式是 $O_2(H_2O)_n$ 或 $OH^-(H_2O)_n$。负离子的生物效应有：①使氧自由基无毒化；②使体液呈弱碱性；③使空气质量得到改善；④负离子对促进健康有直接效应；⑤负离子对人体各系统有直接生理效应；⑥负离子对疾病有辅助治疗和康复作用。空气负离子的作用已被广大医学界所认同，除了有益于人体健康之外，还有杀菌、除尘、除臭作用。电气石释放负离子不耗能，不产生臭氧和活性氧，是理想的绿色环保材料。

（3）电气石在水处理中的功能及应用

电气石的结构紧密、金属离子不易进入其晶体结构，因此主要为表面吸附，吸附类型主要为离子、分子吸附，通过表面络合起吸附作用。电气石对溶液中金属离子、酸根离子均具有吸附、浓集作用，并在电气石表面上结晶析出，从而起到净化工业废水的作用。

2.9　高岭土

2.9.1　概述

高岭土是一种以高岭石族黏土矿物为主的黏土或黏土岩。高岭石因首先发现于中国江西景德镇的高岭山而得名。高岭石族黏土矿物包括高岭石、埃洛石、地开石、珍珠陶土等。

高岭石的化学式为 $Al_4(Si_4O_{10})(OH)_8$，其理论化学成分：Al_2O_3 为 39.5%，SiO_2 为 46.54%，H_2O 为 13.96%。高岭石属 1:1 层型的二八面体层状铝硅酸盐矿物，其结构单元层由一层硅氧四面体和一层铝氧八面体组成（图 2-3），结构单元层厚度 d（001）$=0.715$nm，单斜或三斜晶系。由于堆叠中结构单元层间的位移，便构成了不同的多型。高岭石是一层重复的多型，两层重复和 6 层重复的多型分别称为地开石和珍珠石。结晶良好的高岭石为有序结构，一般呈假六方片状晶体。结晶度差的多为 b 轴无序的高岭石，一般呈不规则片状。

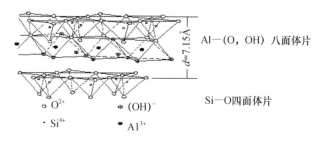

图 2-3　高岭石晶体结构

高岭土粒度细小，粒径一般在 $0.5\sim5\mu m$，常呈隐晶质致密块状、土状集合体产出。晶体常呈假六方片状、不规则片状晶形，埃洛石呈管状。高岭石集合体呈蠕虫状和书本状。纯净者为白色，白度可达 90% 以上；含铁、钛杂质高者可呈黄色、褐色、浅红色等，含有机质多者则为灰色、灰黑色或黑色；光泽暗淡，土状光泽或无光泽，硬度为 $2\sim2.5$。软质高岭土易呈粉末，具可塑性，易分散、悬浮；硬质高岭岩呈块状、不具可塑性，密度为 $2.60\sim2.63g/cm^3$。

高岭土化学性能稳定，抗酸溶性良好，阳离子交换容量很低，耐火度、电阻、击穿电压较高，成型、干燥、烧结性能及烧成白度良好。高岭石族矿物的典型性质见表 2-7。

表 2-7　高岭石族矿物的典型性质

矿物名称	化学式	化学组成（%）			莫氏硬度	密度（g/cm³）	颜色
		Al_2O_3	SiO_2	H_2O			
高岭石	$Al_4(Si_4O_{10})(OH)_8$	39.50	46.54	13.96	2～2.5	2.609	白、灰白、带黄、带红
珍珠石	$Al_4(Si_4O_{10})(OH)_8$	39.50	46.54	13.96	2.5～3	2.581	蓝白、黄白
地开石	$Al_4(Si_4O_{10})(OH)_8$	39.50	46.54	13.80	2.5～3	2.589	白
7Å 埃洛石	$Al_4(Si_4O_{10})(OH)_8 \cdot 4H_2O$	34.66	40.9	24.44	1～2	2.0	白、灰绿、黄、蓝、红

组成高岭土的矿物有黏土矿物和非黏土矿物两类。黏土矿物主要是高岭石族矿物，其次是水云母、蒙脱石和绿泥石。非黏土矿物主要为石英、长石和云母以及铝的氧化物和氢氧化物、铁矿物（褐铁矿、白铁矿、磁铁矿、赤铁矿和菱铁矿）、铁的氧化物（钛铁矿、金红石等）、有机物（植物纤维、有机泥炭及煤）等。决定高岭土性能的主要是黏土矿物。

质纯的高岭土具有白度高、质软，易分散悬浮于水中、良好的可塑性和高的粘结性、优良的电绝缘性能以及良好的抗酸溶性、很低的阳离子交换容量、较高的耐火度等理化性能（表 2-8）。

表 2-8　高岭土的理化性能

项目		指标
物理性能	颜色	白色或近于白色，最高白度>95%
	硬度	1～2，有时达 3～4
	可塑性	良好的成型、干燥和烧结性能
	分散性	易分散、悬浮
	电绝缘性	200℃时电阻率>10^{10} W·cm，频率 50Hz 时击穿电压>25kV/mm
化学性能	化学稳定性	抗酸溶性好
	阳离子交换量	一般 3～5mg/100g
	耐火度	1770～1790℃

自然产出的高岭土矿石，根据其成因、质量、可塑性和砂质（石英、长石、云母等矿物粒径>50mm）的含量，可划分为硬质高岭岩（土）、软质高岭土和砂质高岭土 3 种工业类型。它们的特征列于表 2-9。硬质高岭岩（土）包括大量的

以煤层的顶板、底板、夹矸形式产出或赋存于距煤层较近的所谓煤系高岭岩（土）。这种高岭岩（土）由于含有有机质及杂质而呈黑灰、褐、淡绿、灰绿等色，致密块状或砂状，瓷状断口或似贝壳状断口，无光泽至蜡状光泽，条痕灰色或白色，硬度为3左右。

表 2-9　高岭土矿石类型及特征

类型	矿石特征
硬质高岭土（高岭石岩）	质硬（莫氏硬度3～4），无可塑性，粉碎细磨后才有可塑性
软质高岭土（土状高岭土）	质松软，可塑性一般较强，砂质含量＜50%
砂质高岭土	质松软，可塑性一般较弱，除砂后较强，砂质含量＞50%

高岭土的可塑性、粘结性、一定的干燥强度、烧结性及烧后白度等特殊性能，使其成为陶瓷生产的主要原料；片状粒形洁白、柔软、高度分散性、吸附性和化学稳定性等优良工艺性能，使其在造纸工业上得到广泛的应用。此外，煅烧高岭土在橡胶、塑料、涂料、化工、石油精炼、耐火材料、农药、航空航天等领域也有广泛应用。表 2-10 为高岭土的主要用途。

表 2-10　高岭土的主要用途

应用领域	主要用途
陶瓷工业	日用陶瓷、建筑卫生陶瓷、电瓷、化工耐腐蚀陶瓷、工艺美术陶瓷、特种陶瓷等
造纸工业	纸张的填料，铜版纸、涂布白纸板、涂布纸等的涂料或颜料
涂料工业	涂料的填料和颜料
耐火材料及水泥	光学玻璃和玻璃纤维用坩埚、耐火砖、匣钵、耐火泥、白水泥等
塑料、橡胶、电缆	橡胶、塑料的填料，电缆的绝缘填料
石油化工	石油裂解催化剂、分子筛、吸附剂等
医药、轻工	吸附剂、医药涂层、添加剂、漂白剂、化妆品、铅笔、颜料等
农业	化肥、农药、杀虫剂等载体

高岭土的应用领域不同，对其质量要求也不同。在化学成分方面，造纸涂料、无线电瓷、耐火坩埚、石化载体等要求高岭土 Al_2O_3 和 SiO_2 的含量接近高岭石的理论值；日用陶瓷、建筑卫生陶瓷、白水泥橡塑填料等对高岭土的 Al_2O_3 含量的要求可适当放低，SiO_2 的含量可酌情高些。电缆填料不仅要求高岭土的纯度高，对其体积电阻率也有较高要求。对 Fe_2O_3、TiO_2、SO_3 等有害成分，也有不同的允许含量要求，CaO、MgO、K_2O、Na_2O 的含量允许值，不同用途也不尽

相同。在物理性能方面，各应用领域要求的侧重点更为明显。造纸涂料主要要求高的白度、低的黏度及细的粒度；陶瓷工业要求良好的可塑性、成型性能和烧成白度；耐火材料要求较高的耐火度，搪瓷工业要求良好的悬浮性等。

2.9.2　我国高岭土资源储量

我国高岭土资源极为丰富，矿床分布广泛，全国有 16 个省、市、自治区都有产出，主要分布在东南沿海一带，总储量超过 30 亿 t。我国高岭土矿床成因类型较多，其中风化型矿床主要分布在广东、四川等地，沉积型矿床主要分布在山西、河北、福建等地，热液蚀变型矿床主要分布在江西等地。在保有的 208 个矿产地中，矿石储量大于 2000 万 t 的特大型矿有 10 处，矿石储量为 500 万～2000 万 t 的大型矿有 25 处；矿石储量为 100 万～500 万 t 的中型矿有 62 处；矿石储量小于 100 万 t 的小型矿有 111 处。

2.9.3　高岭土产品在环保产业的应用

高岭土因独特的层状结构而具有良好的吸附性能和离子交换性能，在废水、废气、土壤修复、放射性固体和垃圾处理等众多环境治理领域具有广阔的应用前景。环保产业对高岭土产品的界面性质有特殊要求，因此，高岭土往往通过表面改性制成改性高岭土，尽量满足环保产业的应用需求。

（1）高岭土在水处理中的应用

高岭土在特定环境下对水源水的除浊、消毒效果较好，可以去除饮用水中的腐殖酸，达到国家饮用水标准。

高岭土用于处理含重金属离子废水，可以去除废水中的 Cu^{2+}、Pb^{2+}、Cd^{2+}、Cr^{6+}、Ca^{2+}、Mn^{2+}，对含多种离子废水也有很好的去除效果，去除率在 80%～100%，使废水达到排放标准。采用改性高岭土作为吸附剂处理铜矿溶浸铜废水，Cu^{2+} 的去除率可达到 98.9%。

高岭土用于处理含非金属离子废水，可以去除废水中的氮、磷等离子。最佳吸附条件下，采用改性高岭土处理含磷废水，对磷的去除率可以达到 80%。而且，高岭土是土壤的组成部分，吸附磷后可以作为农肥二次利用，因此改性高岭土在含磷废水处理领域具有较广阔的应用前景。

高岭土用于处理含放射性废水，与其他材料结合，可以吸附铀、Cs^+、Yb^{3+}、^{90}Sr，实现放射性元素的固化。

高岭土还可以用于处理各种有机废水，如印染废水、含油废水、含抗生素废水和其他多种有机污染物废水等。高岭土用于处理造纸工业废水，可以去除色素和 COD，去除率达 90% 以上。此外，高岭土还能去除天然水体中的有害藻类。

（2）高岭土在气体净化中的应用

高岭土在气体净化中主要用于煤气脱硫、去除燃煤锅炉气中的重金属元素和生活垃圾焚烧烟气中的挥发性重金属。在这一过程中，高岭土主要通过吸附和固化硫化物、重金属来发挥作用。

（3）高岭土在固体垃圾处理中的应用

高岭土用于处理放射性废物，可以制成低透水性的缓冲材料，很好地阻滞核素向外迁移。以高岭土为原料合成 4A 沸石，对放射性核素离子 Co^{2+}、Sr^{2+} 有很好的吸附效果，甚至优于天然沸石矿石材料。

高岭土与其他材料复合制成防渗材料，可以用于垃圾填埋处理。高岭土还可以用于活性污泥膨胀性控制、污泥焚烧灰的固化和废弃物中重金属离子的固化。

2.10 石 英

2.10.1 概述

石英（英文名：Quartz），化学式为 SiO_2，无机矿物质，主要成分是二氧化硅，常含有少量杂质成分如 Al_2O_3、CaO、MgO 等，为半透明或不透明的晶体，一般呈乳白色，质地坚硬。石英是一种物理性质和化学性质均十分稳定的矿产资源，晶体属三方晶系的氧化物矿物，即低温石英（α-石英），是石英族矿物中分布最广的一个矿物种。广义的石英还包括高温石英（β-石英）。石英块又名硅石，主要是生产石英砂（又称硅砂）的原料，也是石英耐火材料和烧制硅铁的原料。

石英砂的颜色有多种，常为乳白色、无色、灰色；硬度为 7，性脆，无解理，贝壳状断口；油脂光泽，相对密度为 2.65，其化学、热学和机械性能具有明显的异向性，不溶于酸，微溶于 KOH 溶液，熔点为 1750℃，具有压电性。

自然界已发现 8 个石英的同质多象变体，即 α-石英、β-石英、α-鳞石英、β-鳞石英、α-方石英、β-方石英、柯石英、斯石英。图 2-4 展示了石英同质多象变体的压力-温度关系。除斯石英中的 Si 呈六方配位具金红石结构外，其余的 Si 均为四次配位。$[SiO_4]$ 结构单元 4 个角顶的 O^{2-} 分别与相邻的 4 个 $[SiO_4]$ 共用而联结成三维延伸的架状结构。

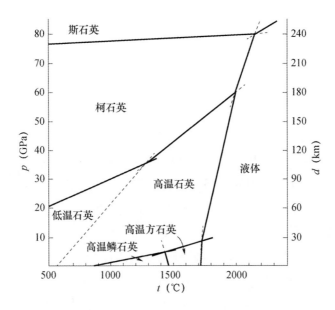

图 2-4　SiO_2 同质多象变体的压力-温度关系

低温变体 α-石英的结构为三方晶系，D_3-P_3121 或 D_3-P_3221；$a_o=0.4913nm$，$c_o=0.5405nm$；$Z=3$。$[SiO_4]$ 四面体以角顶相连，在 c 轴方向上呈螺旋状排列，并有左、右旋之分，即 c 轴为 31 或 32。结构上的左、右旋与形态上的左、右形沿用习惯上相反。

三方偏方面体晶类，常呈完好的柱状晶体，柱面有横纹，常见单形、六方柱、菱面体、三方双锥及三方偏方面体等。其低温及过饱和度低的条件下，呈长柱状晶形；反之，则柱状晶形不发育而呈近等轴状。

双晶十分普遍，常见的重要双晶有道芬双晶和巴西双晶。道芬双晶由两个左形或右形晶体组成，两个体的偏光面向同一方向旋转，因而仍可作光学材料。巴西双晶由一个左形和一个右形组成，在（0001）切片中由于两个体的偏光面相反，且有不同的干涉色，故不适合作为光学材料。

石英按品质可分为普通石英砂、精制石英砂、高纯石英砂、熔融石英砂、硅微粉。

（1）普通石英砂

SiO_2 含量为 90%～99%，FeO 含量为 0.02%～0.06%，耐火度为 1750～1800℃，外观部分大颗粒表面有黄皮包囊，粒度范围为 5～220 目，可按用户要求粒度生产。其主要应用于冶金、墨碳化硅、玻璃及玻璃制品、搪瓷、铸钢、水过滤、泡花碱、化工、喷沙等行业。

（2）精制石英砂

SiO_2含量为 99%～99.5%，Fe_2O_3含量为 0.015%～0.02%，精选优质矿石并进行复杂加工而成，粒度范围为 5～480 目，可按用户要求生产，外观呈白色或结晶状。其主要用途为高级玻璃、玻璃制品、耐火材料、熔炼石类、精密铸造、砂轮磨材等。

（3）高纯石英砂

SiO_2含量为 99.5%～99.9%，Fe_2O_3含量≤0.005%，是采用 1～3 级天然水晶石和优质天然石类，经过精心挑选，精细加工而成，粒度范围为 1～0.5mm、0.5～0.1mm、0.1～0.01mm、0.01～0.005mm 不等。

（4）熔融石英砂

化学成分及含量：SiO_2 为 99.9%～99.99%；Fe_2O_3 为（10～25）$\times 10^{-6}$；Max（Li_2O）含量为（1～2）$\times 10^{-6}$；Max（Al_2O_3）含量为（20～30）$\times 10^{-6}$；Max（K_2O）含量为 20～25$\times 10^{-6}$；Max（Na_2O）含量为（10～20）$\times 10^{-6}$。物理性能：外观为无色透明块状、颗粒或白色粉末。相对密度为 2.21；莫氏硬度为 7.0；pH 值为 6.0。

（5）硅微粉

硅微粉的外观为灰色或灰白色粉末，耐火度＞1600℃，密度为 200～250kg/m³。

石英是地球表面分布较广的矿物，它的用途也相当广泛。远在石器时代，人们用它制作石斧、石箭等简单的生产工具，以猎取食物和抗击敌人。石英钟、电子设备中把压电石英片用作标准频率；熔融后制成的玻璃可用于制作光学仪器、眼镜、玻璃管和其他产品；还可以作精密仪器的轴承、研磨材料、玻璃、陶瓷等工业原料。

石英砂是重要的工业矿物原料，广泛用于玻璃、铸造、陶瓷及耐火材料、冶金、建筑、化工、塑料、橡胶、磨料等工业。

此外，石英晶体内含有细小的气泡或液体充填裂隙时，会通过干涉光产生彩虹，能制成精美的首饰。拿破仑的妻子约瑟芬皇后（Empress Josephine）拥有一个令人眼花缭乱的宝石藏品，就是彩虹石英制成的首饰。

2.10.2 我国石英资源储量

作为造岩矿物，石英在地壳中广泛分布，我国已探明石英总储量共计 39 亿 t，在全国大部分地区都有分布。

　　华北地区：保有矿产地 24 处，共计保有矿石储存量 1.8 亿 t，占全国保有矿石储存量的 5%。

　　东北地区：保有矿产地 19 处，共计保有矿石储量 3.3 亿 t，占全国保有矿石储量的 8%，主要分布于辽宁的石英砂岩矿、吉林西部和辽宁北部的石英砂矿。

　　华东地区：保有矿产地 46 处，共计保有矿石储量 6.1 亿 t，占全国保有矿石储量的 16%，主要分布于鲁南苏北、苏南浙北的石英砂岩矿，山东东北部和福建南部沿海及江西鄱阳湖和江苏罗马湖畔的石英砂矿，浙江安吉和安徽青阳等地脉的石英矿。

　　中南地区：保有矿产地 42 处，共计保有矿石储量 7.3 亿 t，占全国保有矿石储量的 19%，主要为分布于湖南西北部和湖北武汉。

　　西南地区：保有矿产地 27 处，共计保有矿石储量 1.5 亿 t，占全国保有矿石储量的 4%，主要为分布于云南昆明和四川江油、永川、珙县及贵州凯里、六枝等地的石英砂矿岩。

　　西北地区：保有矿产地 31 处，共计保有矿石储量 19.1 亿 t，占全国保有矿石储量的 48%，主要为分布于青海大通及陕西汉中等地的石英岩矿，陕西神木、宁夏惠农、新疆库车等地的石英砂矿岩，甘肃兰州、新疆昌吉及宁夏固原等地的石英砂矿。

2.10.3　石英产品在环保产业的应用

　　石英产品在环境工程中的应用主要是作为滤料，可在污水处理和水体净化中起到很好的过滤作用。在水处理中，用到普通石英砂滤料和精制石英砂滤料。精制石英砂适用于水体净化中，普通石英砂用于污水处理中。石英砂作为过滤料的应用，石英砂与过滤容器结合，用于截留水中悬浮物胶体等颗粒杂质，从而起到过滤的作用。

　　石英砂滤料外观呈多棱形、球状、纯白色、硬度大、抗腐蚀性好、密度大、机械强度高、载污能力强、使用周期长的特点，是化学水处理的理想材料。在单层、双层过滤池、过滤器和离子交换器中适用，其各项指标均要达到 CJ/T 43—2014 标准。石英砂作为滤料的技术要求见表 2-11。

表 2-11　石英砂滤料的技术要求

指标要求	破碎率和磨损率之和	密度	含泥量	轻物质含量	灼烧减量	盐酸可溶率
含量	≤1.5%	≥2.55g/cm³	≤1%	≤0.2%	≤0.7%	≤3.5%

石英砂滤料分为普通石英砂滤料和精制石英砂滤料。普通石英砂用于污水处理中，精制石英砂用于水体净化中。

普通石英砂滤料是采用天然石英矿石经破碎、水洗、筛选、酸洗、烘干、二次筛选而成的一种水处理滤料；主要成分是二氧化硅，含有氧化铁、黏土和有机杂质。在污水处理中，把石英砂滤料与过滤器结合，利用石英砂的粒径范围，用于截留水中悬浮物胶体等颗粒物。利用石英砂作为过滤介质，在一定的压力下，把浊度较高的水通过一定厚度的粒状或非粒状的石英砂过滤，有效地截留除去水中的悬浮物、有机物、胶质颗粒、微生物、氯、嗅味及部分重金属离子等，最终达到降低水浊度、净化水质的效果。

精制石英砂可以微溶于 KOH 溶液，晶体大小均匀，吸附能力强，可以对水中有机物进行强力吸附，去除水中的胶质颗粒、重金属离子、农药、细菌、病毒等污染物。精制石英晶体中含多种氨基酸成分，拦截水中的悬浮物后与之进行离子交换后，释放出大量的氨基酸矿物，对水质成分进行补充元素，达到完美的过滤效果。精制石英砂滤料主要用于各种工艺用水、生活用水、循环用水和废水的深度处置。

2.11　累托石

2.11.1　概述

矿物成分以累托石为主或含有一定比率累托石的黏土，称为累托石黏土。累托石矿物是一种规则的类云母层和类蒙脱石层以相等的比率组成的规则间层的矿物。1981 年，AIPEA 命名委员会最终将累托石定义为"二八面体云母和二八面体蒙脱石 1∶1 规则间层矿物"，并指出不需要进一步划分变种，只用前缀词 Na-、K- 或 Ca-指明其主要层间阳离子即可。

累托石黏土是国内外罕见的非金属矿产。到目前为止，世界上探明的累托石产地有 40 余处，主要分布在亚洲、欧洲和北美洲。大部分产地的累托石与其他黏土矿伴生，品位较低；只有少数产地，累托石在黏土中含量较为集中，形成矿化或矿点。能形成工业矿床的很少，国外仅有日木枥木县船生矿山、匈牙利托考伊山脉基拉伊海杰什矿山，以及美国犹他州中北部的矿床。

累托石（Rectorite）是黏土矿物，结构单元层中有两个 2 : 1 层（TM-OM-TM-IM＋Ts-Os-Ts-Is）。云母层单元的 2 : 1 层的层间阳离子 IM 可以是 Na^+、K^+、Ca^{2+}；而蒙脱石层单元的 2 : 1 层间是可交换的水化阳离子 Ca^{2+}、Na^+、Mg^{2+}、Al^{3+} 等（Is）。两类层中的八面体晶片大部分被 Al^{3+} 占据，只占据三分之二的八面体，即二八面体亚类。

累托石的晶体化学通式为 $K_x(H_2O)\{Al_2[Al_xSi_{4-x}O_{10}](OH)_2\}$。因累托石的晶体结构中含有膨胀性的蒙脱石晶层，晶体结构式可分为云母层和蒙脱石层两部分。累托石粒度细，一般 $<5\mu m$。累托石多为细鳞片状，也可见到板条状、纤维针状晶体。累托石呈灰白、灰绿、黄褐色，密度为 $2.8g/cm^3$，硬度 <1，塑性指数为 37。

累托石具有高温稳定性（耐火度达到 1650℃，并在 500℃ 下保持稳定）、吸附和阳离子交换性、阻隔紫外线性能、高分散性和高塑性、结构层分离性以及层间孔径可变性等一系列特点。利用这些特点，累托石主要用作钻井泥浆、催化剂载体、涂料悬浮剂、型砂胶粘剂和用于制备有机插层累托石、吸附处理废水、医药保健等行业。

2.11.2　我国累托石资源储量

我国已发现多处有累托石矿物和累托石黏土岩，主要分布在湖北、湖南、广西，在贵州、北京、塔里木、吉林也有少量发现。湖北钟祥累托石探明储量达 670 万 t，品位达 40%～50%，是目前全球最具工业价值的累托石矿床。除湖北钟祥发现的累托石具有较大规模外，各地累托石矿储藏量均很小，甚至还未构成工业矿床。

2.11.3　累托石产品在环保工业的应用

（1）累托石在废水处理中的应用

经交联处理的层柱累托石材料具有大比表面积、有机基团和大孔径活性通道，因而作废水处理吸附剂应用于废气、废水治理材料等方面具有优势。研究表明，层柱累托石对磷的吸附效率接近 100%，对铅、铬、镍等重金属离子吸附效率近 90%，对有机物废水 COD 去除率可达 90% 以上，用于废水脱色可达 99% 以上，适宜于电镀废水、中间体废水、氨氮废水等有害物质吸附净化处理。

由于累托石黏土矿物表面硅氧结构极强的亲水性及结构外部阳离子的水解，

使其吸附处理有机物的性能较差，为了提高黏土处理污水的能力，一般先对其进行改性活化。试验研究表明，活化改性后的累托石对 Zn(Ⅱ) 的去除率达 98% 以上，对氰离子的去除率可达 98.9%。

（2）累托石在废气治理中的应用

用累托石制备的多孔陶瓷和蜂窝陶瓷，材料强度和抗热震性能高，热膨胀系数低，成型效果稳定，适宜应用于汽车尾气处理三元催化器载体、臭氧抑制催化剂载体等方面。

第3章 矿物材料在环保产业的应用调研

3.1 石灰石在环保产业的应用调研

3.1.1 石灰石市场调研结果

改革开放以来，我国石灰石产量已连续多年居世界第一，产值高速增长。作为冶金、化工、建材、医药、农业及环保等行业的基础原料，在我国石灰行业具有应用范围广、使用量大的特点，所以本次调研主要针对环保领域用石灰石生产企业展开。我国石灰石重点生产企业、产品和产能见表3-1。

表3-1 我国石灰石重点生产企业、产品和产能

生产企业	主要产品	产能（万 t/年）
北京首钢鲁家山石灰石矿有限公司	石灰石	210
黄石新冶钙业有限公司	高活性冶金石灰 冶金三磷灰 轻质碳酸钙 重质碳酸钙 纳米碳酸钙	冶金石灰：50 脱硫用钙粉：30 冶金建材石灰石：300
广德县青龙钙业有限公司	冶金脱硫剂	70
黄石市陈家山钙业集团	冶金石灰 烟气脱硫剂 石灰石	冶金石灰：70 烟气脱硫剂：20 石灰石：100
河北龙凤山炉料有限公司	石灰石 白云石 钙质白灰 镁质白灰 脱硫石灰石粉 钙灰粉等	钙质白灰：90 镁质白灰：45 脱硫石灰石粉：13

续表

生产企业	主要产品	产能（万 t/年）
武钢耐火材料有限责任公司	优质活性石灰 颗粒石灰 脱硫剂等	130
山东中信钙业有限公司	氧化钙	300
湖州浙宝冶金辅料有限公司	石灰石子 活性石灰 脱硫剂 优质冶金辅料	50
唐山钢源冶金炉料有限公司	冶金石灰	20
湖南衡山丽成科技股份有限公司	氧化钙系列 氢氧化钙系列	30

3.1.2 石灰石市场调研结果分析

（1）石灰石行业市场发展分析

新环保法实施后，石灰下游应用行业受到较大影响，淘汰落后石灰产能的步伐逐步加快。同时，随着下游行业产业结构调整以及节能环保工作的不断推进，石灰及其精深加工领域的需求将持续增长，行业发展迎来新的机遇。

（2）石灰石市场存在的问题

石灰产业发展注重产能，发展方向有待研究。石灰产业链短，石灰的功能化研究欠缺、产品附加值低，石灰高端产业严重不足，制约了石灰产业的深层次和持续健康发展。

落后产能规模仍然较大，各地对石灰产业要求不一、极不规范，甚至与科学相违背。环境污染物排放还不能成为企业的自觉行动，各级管理部门管理监督不严或疏于管理。节能减排任务仍然十分艰巨。

一些地区为了局部利益，仍然重复建设，致使一些石灰产能严重过剩。个别地区石灰产业政策方向不明，随意关停石灰生产企业，致使产能、需求忽高忽低，造成市场误判。

由于石灰产品特点，大多数企业严重缺失产品质量检测标准，质量争议、仲裁检验无定论，支撑石灰科技研究必不可少的基本理论甚少。

行业管理分散、不规范，无法形成产业整体优势。产业政策、行业（产品）标准分散、五花八门，对执行也有不利影响。所有这些亟须加以整合与规范。

2010—2018 年中国石灰石行业规模情况见表 3-2。

表 3-2　2010—2018 年中国石灰石行业规模情况

年份	2010	2011	2012	2013	2014	2015	2016	2017	2018
规模（亿元）	864	1005	1051	1204	1264	1213	1287	1332	1374

除钢铁冶炼行业外，石灰石仍广泛应用于建材、石油、化工、轻工、建筑、农业、塑料、橡胶、造纸、环保等行业。随着各行业产业结构调整以及节能减排工作的不断推进，石灰石及其深加工领域的需求将持续增长，成为企业业务持续增长的重要源泉。

从国际市场讲，我国石灰石矿产资源丰富，占世界总储量的 64％以上，是一种具有优势的天然资源。由于西方大部分国家石灰石矿产有限，现已限制水泥生产和石灰石矿产资源的开采，因此其对中国石灰石的依赖性逐步加大，出口市场持续看好。

从资源状况看，目前全国比较集中的较大型石灰石矿山，已基本上被大的水泥企业和冶金企业所垄断，新资源越来越少，从某种意义上讲，占有石灰石资源，就占有了将来的水泥和钢铁市场。

2010—2018 年我国石灰石供需平衡见表 3-3，石灰石制造石灰或水泥及其他钙质石出口金额见表 3-4。

表 3-3　2010—2018 年我国石灰石供需平衡　　　　　　　　　　亿 t

年份	2010	2011	2012	2013	2014	2015	2016	2017	2018
产量	21	23.1	24.5	27.2	28	27	27.4	27.9	27.5
需求量	20.09	23.09	24.49	27.18	27.98	26.98	27.38	27.87	27.10

表 3-4　石灰石制造石灰或水泥及其他钙质石出口金额

年份	2012	2013	2014	2015	2016	2017	2018
单位（万 t）	80.21	121.77	114.22	138.69	79.88	88.37	85.74
单位（千美元）	4138	13141	24052	12717	6991	10800	9875

3.1.3　其他国家基本情况

石灰石矿藏几乎遍布世界各地。中国、美国、俄罗斯、加拿大等国均拥有大量石灰石矿藏。中国除上海市外，各省、市、自治区均有石灰石矿床发现。从地质学看，石灰石在地球上自前寒武纪至近代的地层中大多分布有石灰石层。世界的石灰石资源很丰富,但总储量无法估算。

2010—2017 年全球石灰石市场规模走势见表 3-5,世界石灰生产国和石灰石储量见表 3-6,石灰石在其他国家基本情况见表 3-7。

表 3-5　2010—2017 年全球石灰石市场规模走势

年份	2010	2011	2012	2013	2014	2015	2016	2017
规模 (亿美元)	347.91	368.27	365.23	380.38	385.69	374.94	370.6	384.56

表 3-6　世界石灰生产国和石灰石储量　　　　　　　　万 t

国家	储量	
	2015 年	2016 年
美国	18300	17000
澳大利亚	1990	2000
比利时	1400	1400
巴西	8300	8300
保加利亚	1500	1500
加拿大(货运)	1850	1800
中国	230000	230000
捷克共和国	1000	1000
法国	3800	3700
德国	6400	6400
印度	16000	16000
伊朗	2800	2800
意大利	3500	3500
日本(仅限生石灰)	7340	7300
韩国	5100	5100
马来西亚(销售)	1500	1500
波兰	1940	1900
罗马尼亚	1910	1700
俄罗斯(工业和建筑)	11000	11000
南非(销售)	1120	1100
西班牙(销售)	1800	1900
土耳其(销售)	4200	4300

国家	储量	
	2015 年	2016 年
乌克兰	2720	2800
英国	1600	1400
其他国家	13700	13600
世界总数	350000	350000

表 3-7　石灰石在其他国家基本情况

国家	典型产地	年产量	资源储量	代表性公司
美国	佛罗里达州，美国中西部地区、西南地区、阿巴拉契亚山脉地区	1.7 亿 t	100 亿 t	美国石灰矿业公司
俄罗斯	西伯利亚地区、中部地区、南部地区	8000 万 t	200 亿 t	俄罗斯欧洲水泥集团公司
英国	南威尔士、北苏格兰	1500 万 t	22 亿 t	柴郡化学工业公司
日本	九州地区、本州地区	7300 万 t	45 亿 t	日铁矿业公司
韩国	除庆南地区和济州岛以外均有	5100 万 t	354 亿 t	海拉水泥公司

3.2　膨润土在环保产业的应用调研

3.2.1　膨润土市场调查结果

2018 年，我国膨润土生产企业主要集中在浙江、辽宁、内蒙古、吉林、山东、安徽、河南、新疆、河北、湖北等膨润土矿产资源地。本次主要调研企业和产品品种见表 3-8。

表 3-8　2018 年我国膨润土主要生产企业和产品

公司名称	主要产品
浙江安吉天龙有机膨润土有限公司	膨润土增稠流变剂
浙江青虹新材料有限公司	有机膨润土
浙江丰虹新材料有限公司	水性膨润土
辽宁朝阳润福膨润土有限公司	铸造用、钻井级膨润土

公司名称	主要产品
辽宁艾斯比永同昌（朝阳）膨润土矿业有限公司	铸造、造纸、铁矿球团、钻井泥浆和土木工程泥浆、霉菌毒素吸附剂、猫砂
辽宁朝阳亚细亚膨润土有限公司	膨润土、猫砂
辽宁黑山县春源膨润土加工厂	钻井泥浆、冶金球团、宠物垫料（猫砂）、复合肥膨润土
辽宁建平瀚塬膨润土矿业有限公司	铸造用膨润土、复合球团用膨润土
内蒙古赤峰市牧康蒙脱石销售有限公司	饲料级蒙脱石、止泻级蒙脱石
内蒙古赤峰和正美化工有限公司	蒙脱石原矿、医药级蒙脱石、饲料级蒙脱石
内蒙古宁城天宇膨润土科技有限公司	高效活性白土、颗粒活性白土、有机膨润土增稠流变剂、无机凝胶、洗涤化妆助剂、钻井泥浆膨润土、冶炼球团膨润土、猫砂膨润土
新疆中非夏子街膨润土有限责任公司	颗粒白土、活性白土、食品添加剂活性白土、防水毯、饲料用膨润土、复合肥专用膨润土
江苏苏州国建慧投矿物新材料有限公司	膨润土矿物功能材料
四川成都优武特科技有限公司	颗粒白土、有机膨润土、活性白土、高白膨润土
安徽恒杰新材料科技股份有限公司	环保新材料、猫砂、膨润土系列产品
河北宣化县东升化工有限公司	钠基膨润土、钙基膨润土、饲料级膨润土
北京博克建筑化学材料有限公司	膨润土防水材料
佑景天（北京）国际水环境研究中心有限公司	膨润土水处理剂

3.2.2　国内膨润土市场调查分析

2018 年中国膨润土产量约 560 万 t。我国是膨润土生产大国，但不是生产强国。膨润土产品大多用于国内消费，主要用于冶金、铸造、钻井等领域，其余用于石油化工、轻工、纺织、农业、环保和建材等。目前，很多高端产品仍需要进口。造纸行业只能生产助留助滤剂，无法生产白水处理剂等高端产品；涂料行业只能生产涂料增稠剂，却无法生产水包水助剂；造纸行业只能生产活性白土，却无法生产无碳复印纸材料助剂等。

我国膨润土产品存在以低附加值产品为主、深加工技术落后、产品品种单一

等问题，低附加值产品年产量占膨润土总产量的 92％，其中用于铸造型砂膨润
土占平均年产量的 36％，用于钻井泥浆膨润土占平均年产量的 24％，用于铁矿
球团膨润土占平均年产量的 17％，活性白土占平均年产量的 15％；高附加值产
品仅占膨润土年产量的 8％，其中用于干燥剂、猫砂及填料的膨润土占平均年产
量的 3％，用于有机膨润土及各种助剂的膨润土占平均年产量的 2％，用于化妆、
医药、农药和饲料的膨润土占平均年产量的 3％，目前我国尚无企业可以生产高
纯纳米蒙脱石产品。2018 年国内膨润土产品和用途见表 3-9。

表 3-9　2018 年国内膨润土产品和用途

膨润土产品	用途
膨润土原矿	涂料、造纸、钻井泥浆等
铸造、钻井级膨润土	铸造型砂、水基钻井泥浆
猫砂级膨润土原料	宠物垫圈、猫砂
猫砂	猫砂
猫砂成品	猫砂
增稠流变剂	各类高档乳胶漆、水性漆、牙膏、浆料、化妆品等
陶瓷级膨润土	陶瓷原料
饲料级蒙脱石	吸附脱除饲料中的霉菌毒素，保护消化道黏膜，防止腹泻、拉稀，增强消化道免疫力
止泻级蒙脱石	1. 吸附脱除霉菌毒素，保护消化道黏膜，防止腹泻、拉稀，增强消化道免疫力； 2. 抗应激功能； 3. 解毒功能，降解砷、镉、铅等重金属中毒
医药级蒙脱石	医用
防水毯	用于地铁、地下停车场、明挖隧道、地下结构物、垃圾填埋场、人工湖、水渠水库、高速公路等防水、防渗工程
复合肥专用膨润土	土壤改良、肥料添加剂
颗粒白土	脱色助剂
活性白土	1. 动植物油精炼，用于脱色净化； 2. 矿物油的精炼脱色和净化以及石油裂化； 3. 食品工业上，用作葡萄酒和糖果汁的澄清剂，啤酒的稳定化处理，糖化处理，糖汁净化等； 4. 在化工上用作絮凝剂； 5. 在国防、医学卫生上可作防化吸毒剂、解毒剂

膨润土产品	用途
高白膨润土	涂料、陶瓷
食品添加剂活性白土	植物油、动物脂、明胶、聚醚等黏度较高的产品脱色、精制，去除植物油中的色素、黄曲霉素 B_1 及 3，4-苯并吡致癌物质等许多有害成分
无机凝胶	日化乳体的触变剂、乳胶稳定剂、增稠剂
纳米蒙脱石	医药载体、化工行业

根据膨润土的应用分类来看，冶金球团、铸造、水基钻井泥浆、地下工程膨润土市场在膨润土方面的需求量大，并且标准较低，市场售价为 500～700 元/t。

廉价的产品成本让运输成本受到了更多的关注，因顾及销售利润，其市场销售半径普遍都在 500km 以内，并不能拓展为全国性的销售。

还有市场需求量较小但需要更高成本来运营的产品，活性白土（年需求量约 40 万 t），其市场售价在 1000～3000 元/t，其成本也相对更高。市场的销售半径更广，在以半径为 1000km 的地区（含出口）形成了大区（东北、西北、东南和西南）市场。

目前仅有机膨润土和医药、化妆品为原料的膨润土产品价格为 1 万～10 万元/t。这种产品市场需求量小，每年只有 5 万～10 万 t，投资的门槛相对较低，技术水平要求却更高。因为其运输成本占总成本的比率小，所以其销售半径就能不断扩大，甚至出口全球。迄今为止，国外有机膨润土市场基本上已被我国的几家工厂所垄断。

3.2.3 其他国家基本情况

膨润土在其他国家基本情况见表 3-10。

表 3-10 膨润土在其他国家基本情况

国家	典型产地	年产量	资源储量	代表性公司
美国	怀俄明州、犹他州、德克萨斯州、加利福尼亚州、俄勒冈州	370 万 t	40.8 亿 t	洛克伍德公司、海明斯公司、怀俄明膨润土公司、膨润土功能矿物公司、黑山膨润土公司、米斯瓦科公司、南方黏土公司
日本	山行、群马、福冈、宫城、新潟	43 万 t	8000 万 t	日本有机黏土株式会社、霍约膨润土开采公司、库尼迈恩工业公司

国家	典型产地	年产量	资源储量	代表性公司
澳大利亚	西部地区	23 万 t	3 亿 t	阿姆科尔澳大利亚公司、阿鲁姆波膨润土公司、西拜尔科澳大利亚公司
巴西	巴拉那盆地	40 万 t	2.2 亿 t	西亚巴西膨润土公司
俄罗斯	库尔斯克	50 万 t	5 亿 t	阿吉利特公司、阿巴肯膨润土公司、格林诺博莱拉伯特卡、本托奈特公司
印度	哈尔邦、西孟加拉邦、中央邦、奥里萨邦、马哈拉斯特拉邦	38 万 t	3.2 亿 t	阿莎布拉陶土公司、沃尔克莱国际有限公司

世界膨润土资源丰富，但分布不均衡，主要分布在环太平洋带、印度洋带和地中海—黑海带。主要资源国有中国、美国、俄罗斯、希腊、土耳其、德国、意大利、墨西哥、印度和日本等，前 3 个国家探明储量占世界储量的 4/5。世界已探明的膨润土矿的静态可采储量还可以开采 216 年，查明储量为 14.52 亿 t（不包括中国），其中钠基膨润土约 5 亿 t，主要产地为美国的怀俄明州，其储量为 6800 万～1.2 亿 t，俄罗斯、意大利、希腊和中国也有分布。据统计，2018 年全球膨润土产量约为 1900 万 t，亚洲地区逐渐成为世界最大的膨润土生产区。

全球膨润土的最大应用市场为铸造领域，其次是铁矿球团和钻井泥浆领域。2014 年，全球膨润土的需求量为 2043 万 t，排在前 4 位的分别是铸造、铁矿球团、猫砂和钻井泥浆等领域。其中北美在钻井领域对膨润土的需求量最大，亚洲的铸造领域是膨润土最大的需求市场，欧洲的猫砂是膨润土最大的需求市场，中南美洲的冶金领域是膨润土最大的需求市场。

2015 年，全球膨润土市场价值为 14.2 亿美元，预计到 2024 年市值将增至 18.5 亿美元，在此期间的年复合增长率将达到 3%。未来，全球膨润土产量将以 4% 的速率增长，至 2020 年，膨润土产量会达到 2230 万 t，漂白土产量会达到 420 万 t，全球对膨润土的需求会达到 2510 万 t，漂白土的需求会达到 610 万 t。

美国是世界最大的膨润土生产国和消费国，其资源储量和市场需求量都很大。美国生产的膨润土以膨胀型为主，市场集中度非常高。美国最大的膨润土消费市场是吸附剂领域，占比为 26%；其次是钻井泥浆领域，占比为 24%。由于钻井泥浆、铸造型砂、建筑工程应用等领域对膨润土的需求增加，美国膨润土消费量有所增长。

欧盟国家膨润土主要用于猫砂、铸造型砂、铁矿球团、土木工程等领域，占比分别为 29％、24％、21％、11％。近年来，猫砂一直是欧洲最大的膨润土应用市场。

日本是亚洲最大的膨润土消费国，虽然它也是世界膨润土的主要生产国，但仍大量进口膨润土以弥补国内的需求缺口。日本膨润土的消费领域：铸造业占35％，土木建筑占 20.50％，钻井泥浆占 6.50％，农药载体占 3％，土壤改良等占 35％。

在亚太地区，市场集中度较低，制造业基地主要分布在中国、印度、马来西亚、泰国和印度尼西亚等国，市场主要由中小制造商如印度阿夏普拉矿业、印度星膨润土集团、华潍膨润土、长安仁恒、宁城天宇等公司占据；这些制造商主要提供低端产品，附加值较低，竞争激烈。此外，美国胶体公司、IMERYS（S&B）和科莱恩等巨头通过收购或合资也已经进入亚太市场。

3.3　沸石在环保产业的应用调研

3.3.1　沸石市场调查结果

2018 年，我国沸石生产企业主要集中在河北、浙江、辽宁、山东、河南等沸石矿产资源地。本次主要调研企业、产品品种和产能见表 3-11。

表 3-11　我国沸石主要生产企业、产品和产能

公司名称	主要产品	产能（万 t/年）
北京国投盛世科技股份有限公司	污水处理剂、土壤改良剂、放射性物质吸附剂、日化、医用沸石粉	100
河北承德全利饲用沸石粉有限公司	沸石、净水用沸石粉、饲料级沸石粉、滤料介质、池塘水质改良剂	20
河北赤城福瑞沸石产业园管理公司	饲料级沸石粉、污水处理净水剂、复合肥添加剂、土壤改良剂	5
浙江金华市欣生沸石开发有限公司	JX-I 防水剂	5

公司名称	主要产品	产能 （万 t/年）
浙江缙云县中牧沸石粉有限公司	饲料级沸石粉、污水处理净水剂、土壤改良剂、化工沸石粉	10
浙江杭州沸石装饰工程有限公司	沸石粉	3～5
浙江宁波宁海县龙头沸石有限公司	沸石粉、饲料添加剂	3～4
浙江缙云县天然沸石粉体厂	沸石粉、水质净化剂、干燥剂	5
浙江宁海金鑫沸石粉厂	沸石粉、水质净化剂、干燥剂	5
浙江宁波嘉和新材料科技有限公司	4A 沸石粉、除味剂、天然沸石粉、污水处理沸石、饲料添加剂	9
辽宁金广沸石科技开发有限公司	沸石	10
辽宁朝阳市鑫河沸石科技有限公司	沸石、改性沸石粉	—
山东潍坊坊子沸石加工厂	斜发沸石粉、污水处理沸石粉、水质改良剂、高效除氨氮沸石粉、沸石颗粒、土壤改良沸石粉、稳定剂专用沸石、复合肥沸石粉	10
山东淄博齐创化工科技开发有限公司	合成丝光沸石、分子筛、催化剂	0.6
山东潍坊市坊子区养殖水质改良剂厂	饲料级沸石粉、净水用沸石粉、滤料	1
河南信阳诚飞新材料科技有限公司	饲料级沸石粉、净水用沸石粉	11
北京天之岩健康科技有限公司	无机抗菌剂	1.5

3.3.2　国内沸石市场调查分析

2018 年我国沸石年开采量达 200 万 t，主要用作水泥添加剂、轻骨料、轻质砖瓦、建筑材料、吸附剂、氢气纯制、氧与氮分离、天然气净化分离、污水净化剂、土壤改善剂、肥料添加剂、石油化工催化裂化剂等。

根据目前国内外沸石市场及应用领域分析，建材工业在沸石用量方面继续保持第一的地位，但在应用上有所变化，主要表现是更加注重沸石化学成分和物化性能的利用，由传统的"骨料"使用向制造轻质板材以及抗虫蛀、抗霉变和保温、吸声等高科技含量、高附加值的轻工、化工产品方向发展。除建材外，目前沸石在功能性增效饲料添加剂、深度干燥剂、沸石碳铵、农药载体等深加工产品的开发利用等方面大大增强了沸石应用市场潜力。

根据沸石在环保产业的应用分类来看，水质净化剂、土壤调节剂、洗涤剂助剂用沸石市场在沸石方面的需求量大并且标准较低，未改性的水质净化剂市场售价为300～500元/t，高温活化改性产品市场售价为700～1500元/t；无机、有机改性产品市场售价为1500～3500元/t；土壤改良剂市场售价为260～500元/t；洗涤助剂产品市场售价为1800～3000元/t。

沸石产品应用在高尖端领域时其经济效益很高，如沸石应用在石油裂解气、烯炔、炼厂气、油田气、化工、医药、中空玻璃等工业作干燥剂产品，其市场售价为9500～12800元/t；应用于衣、食、住、行作无机抗菌剂，其市场售价为2万～3万元/t；应用于芳香烃、石油催化剂，其市场售价约为8万元/t。

对天然沸石进行一定的改性改型，提高其离子交换性、吸附性等性能，在环境保护、污染治理以及农牧业中加大其应用的范围，提高这部分产品的经济附加值在现阶段来说是切实可行的。

3.3.3　其他国家基本情况

沸石在其他国家基本情况见表 3-12。

表 3-12　沸石在其他国家基本情况

国家	典型产地	年产量	资源储量	代表性公司
美国	怀俄明州、亚利桑那州、加利福尼亚州、爱达荷州、新墨西哥州、俄勒冈州、德克萨斯州	8万t	10亿t	PQ公司、乙基公司、美国阿纳康达矿物公司、大西洋里奇菲尔德公司、Megtec公司、Enguil公司
日本	山形县板谷地区	10万t	4亿t	株式会社西部技研公司、霓佳斯公司
德国	巴伐利亚州、黑森州	5万t	1.2亿t	DMT公司、Dürr公司
韩国	忠北、忠南、京畿、庆北	21万t	3亿t	MCE Korea株式会社
澳大利亚	昆士兰州	30万t	4.5亿t	Duaringa公司
俄罗斯	马加丹州、巴什科尔托斯坦	6万t	6.6亿t	尤发公司、迪奥尔公司、泰克瓦尔茨普罗姆

沸石是一种架状构造的含水硅铝酸盐矿物，目前已知天然沸石有80多种，全球探明总储量约100亿t，集中分布在环太平洋地区和古地中海地区。世界上有40多个国家报道了产于火山沉积岩中的沸石矿床（点），共计3000处左右。目前国外斜发沸石典型产地为美国怀俄明州胡渡山，丝光沸石典型产地为加拿大

新斯科舍省的莫登以东 3~5km。

根据美国 USGS 的 2017 年"全球主要国家矿产品统计数据"可知，国际上尚未有明确的数据统计各国沸石储量，大多数国家不报道天然沸石的年产量或报道滞后了 2~3 年的沸石年产量数据。大量开采沸石的国家通常将沸石作为建筑材料的填料，如板材、轻骨料和水泥。因此，一些国家的生产数据不能准确地反映出其国内应用于高价值产品的天然沸石的数量。全球主要国家天然沸石统计数据见表 3-13。

表 3-13　全球主要国家天然沸石统计数据　　　万 t

国家	2015 年	2016 年
美国	7.51	8.0
中国	200	200
古巴	4.3	5.1
约旦	1.3	1.2
韩国	20.5	20.5
新西兰	6.5	8.0
土耳其	7.0	6.0
其他国家	35	35
世界总计	280	280

以上数据为用于干燥、气体吸收、废水净化和水净化的天然沸石，不包含高端领域的应用，因为目前国际上可以找到的高端领域应用的沸石数据资料，基本上都是合成沸石的资料。

2016 年，美国有 7 家公司运营了 10 个沸石矿，天然沸石产量约 8 万 t，比 2015 年增长 7%。另外，美国还有两家公司将沸石作为开发项目的一部分，但是没有报道关于沸石业务的具体资料。美国菱沸石主要在亚利桑那州开采，斜发沸石主要在加利福尼亚州、爱达荷州、新墨西哥州、俄勒冈州和德克萨斯州开采。据估计，新墨西哥州是美国天然沸石产量最大的州，其次是爱达荷州、加利福尼亚州、德克萨斯州、俄勒冈州和亚利桑那州。美国最大的 3 家公司生产的沸石产量约占美国总产量的 90%。

2016 年，美国大约消耗了 7.89 万 t 天然沸石。按吨位排列，家庭用途依次为动物饲料、净水、气味控制，主要用于宠物猫砂、杀菌剂或杀虫剂载体、废水处理、气体吸收剂（和空气过滤）、油脂吸收剂、肥料载体、人造草皮、土壤改良剂和干燥剂。动物饲料、水净化、气味控制、宠物猫砂、杀菌剂或农药载体应用占国内销售总数的 80%。2012—2016 年美国天然沸石市场数据统计表见表 3-14。

表 3-14　2012—2016 年美国天然沸石市场数据统计表　　　万 t

年份	2012	2013	2014	2015	2016
产量	7.4	6.95	6.28	7.51	8.0
销售量	7.05	6.83	6.25	7.32	7.9

注：用于干燥、气体吸收、废水净化和水净化的沸石。

美国近 20 年天然沸石销售增长最大的行业是动物饲料行业。近 10 年里，气味控制、废水处理和水净化应用的销售也有所增长，但其增长速率低于动物饲料市场增长率。近年来由于其他同类矿产品的市场竞争，宠物猫砂的销量有所下降。

2016 年，新西兰唯一的天然沸石生产商完成了一座沸石加工厂的建设，该项目将使沸石的年产量至少增加到 10 万 t。

德国 DYNAMICROTECH GmbH 是一家全球领先的纳米高科技企业（以下简称 DMT 公司），其研发的沸石产品已应用于医药、日用、农业、畜牧业、航天军工等领域，并且均取得了突破性的研究成果。该公司生产的德国 Zeofit 强效排毒粉是一种具有生物活性的超微矿物粉末，由纯天然的斜发沸石经过德国 DMT 科技纳米研磨和电离活化精制而成，口服该产品对人体大有益处。这一微粉化高活性的晶体状颗粒能吸收氧自由基和重金属，再以自然方式排出。而这种粉状的 Zeofit 产品被吸收后会存留，并不会与任何食物或体液发生化学反应。这项产品已经经过了大量的试验。

据英国食品标准代理处（FSA）报告，欧洲云母环境公司申请将天然斜发沸石作为食品增补剂，加速排除体内重金属和毒枝菌素，从而有助于维持人体健康，同时给人体提供硅的来源。斜发沸石沉积存在于全世界几个特定区域，该申请产品原料是来自澳大利亚昆士兰州纯度非常高的斜发沸石，该沸石铅含量极低，少量铁使沸石呈现淡粉红色。沸石在澳大利亚粉碎、碾成粉状包装后装船运到欧洲。

阿根廷生物降解材料博罗米公司主要以生物可降解表面活性剂为原料，生产美容化妆品、日化清洁品及农业用品，已有 10 多年历史。其主要产品包括芦荟化妆品、除臭剂、洗涤剂、洗发水、香皂、化肥、去霉剂等，这些产品所用原料均取材于天然。目前该公司正积极拓展研发，以天然沸石为原料，为公司旗下产品进行全面升级。

韩国 MCE Korea 株式会社是一家专业从事水环境综合治理技术研发、设备制造和运营管理于一体的综合服务型国际企业。在韩国乃至全球水处理领域具有突出优势，拥有国际 20 多项发明专利，曾参与韩国政府十几项水处理课题研究。2018 年 1 月 9 日，北京国投盛世集团和韩国 MCE Korea 株式会社就水环境综合治理技术达成合作，双方共同研发的沸石处理污水技术、沸石水处理剂，因产品效果显著，无二次污染，现已成功在中国钓鱼台国宾馆、北京颐和园、深圳布吉河与龙岗河、韩国青瓦台总统府、韩国文化厅等项目上取得良好的成效。

日本对天然沸石在各个应用方面的研究十分广泛，属于天然沸石消费量大市场之一。1936 年，日本最大的沸石生产商成立，涉及绿色建筑材料、农业、水产养殖和家庭。1980 年，日本市场出现了由沸石制成的环保墙体材料。如今，沸石墙材已成为日本消费最高的内墙装饰材料。2011 年，日本福岛核电站的核事故处理方案选择使用大面积的沸石吸收辐射。

日本应用天然沸石作为土壤改良剂和肥料已经有 100 多年历史，日本每年用作土壤改良剂的天然沸石有 500～600t，每年在利用天然沸石改善土地上面都以较少的投入获得了较大的收益。

俄罗斯就沸石在农业上的应用专门召开了科研会议，就沸石应用于农业的科研、生产和应用的密切结合问题进行了研讨。1986 年，苏联切尔诺贝利核电站的核泄漏使用沸石覆盖辐射区。25 年后，该地区向游客开放，辐射区恢复正常。

3.4　凹凸棒石在环保产业的应用调研

3.4.1　凹凸棒石市场调查结果

从凹凸棒石行业企业分布情况来看，2018 年我国凹凸棒石行业内企业区域格局明显，主要集中在江苏的盱眙、安徽的明光、甘肃的临泽和白银等地。安徽的明光凹凸棒石企业最多，有 100 多家，但大多集中在开采、粗加工阶段，近几年因环保原因关停不少。江苏的盱眙最早开始进行统一规划和管理，从事凹土采矿、加工的企业近 60 家。甘肃起步较晚，企业数量近 20 家。本次主要调研企业和产品品种，见表 3-15。

表 3-15 我国凹凸棒石主要生产企业和产品

公司名称	主要产品
盱眙县中材凹凸棒石黏土有限公司	食品加工助剂、脱色剂、吸附剂
江苏省淮源矿业有限公司	食品加工助剂、脱色剂、吸附剂
江苏汇鑫凹土有限公司	电焊条用材料、造纸用、肥料用
盱眙博图凹土高新技术开发有限公司	分子筛、中空玻璃干燥剂
盱眙国盛矿工业发展有限公司	食品加工助剂、脱色剂、吸附剂
江苏麦阁吸附剂有限公司	食品加工助剂、脱色剂、吸附剂
盱眙欧佰特黏土材料有限公司	食品加工助剂、脱色剂、吸附剂、生态修复材料、纳米材料
江苏富龙新材料有限公司	分子筛、中空玻璃干燥剂
淮安市明华非金属矿新材料有限公司	造纸助留剂、水处理剂
盱眙中源新材料科技有限公司	造纸助留剂、水处理剂
江苏神力特生物科技有限公司	食品加工助剂、脱色剂、吸附剂、霉菌毒素吸附剂
盱眙启睿矿业有限公司	空气净化剂
生态环境部南京环境科学研究所	重金属稳定化修复材料
甘肃鑫怡环保科技有限公司	肥料添加剂和饲料添加剂
临泽鼎丰源凹土高新技术开发有限公司	凹凸棒石生物有机肥
临泽县奋君矿业有限公司	凹凸棒石、凹凸棒石生物有机肥
临泽县百惠沃田生物科技有限公司	凹凸棒石生物有机肥
甘肃海瑞达生态环境科技有限公司	凹凸棒石保水剂（保水多功能肥）
安徽省明美矿物化工有限公司	凹凸棒石黏土、分子筛
明光市飞洲新材料有限公司	凹凸棒石黏土、分子筛
明光市恒鼎凹土有限公司	胶粘剂
安徽省明光市希奇矿物有限公司	凹凸棒石黏土、分子筛
安徽明光曼迪矿业科技有限公司	凹凸棒石黏土

3.4.2 凹凸棒石市场调查结果分析

2018 年全国凹土原矿产量 200 万 t 左右，主要用在无机化工、食用油脱色剂（食品添加剂）、干燥剂（分子筛）、农业、高黏剂、抗盐黏土等领域。其中在环境保护领域主要用作中空玻璃干燥剂和空气净化剂，年用量为 4 万～5 万 t。市场上主要凹凸棒石产品品种、用途、产能和环保产业相关性见表 3-16。

表 3-16　我国凹凸棒石主要产品、用途和产能

产品名称	主要用途	产能（万 t/年）
中空玻璃干燥剂	用于中空玻璃干燥	3
凹凸棒石黏土吸附脱色剂	主要用于油脂、污水等液体净化、吸附分离、脱色除臭及石油化工行业的吸附脱色和净化处理	45
高黏凹凸棒石黏土	主要用于精细化工、建材、石油化工、农业、环保等行业，以提高产品的质量和功效	3
凹凸棒石黏土宠物垫料	主要用作宠物垫料和禽畜养殖场垫料	3
凹凸棒石废水处理吸附剂	主要可用作生活废水、工业废水、食品加工业废水、畜牧业废水中污染物的去除以及城市自来水的深度净化、湖泊和水库水质的降氨、减磷用高效吸附剂	3
凹凸棒石黏土复合助留剂	主要用于白卡纸芯层、淋膜原纸芯层、铜版原纸芯层等专用凹凸棒石黏土复合助留剂，具有降低成本、改善纸质、保护环境和提升纸品的拉伸强度、匀度、紧度等功能	30
空气净化剂	吸附空气中的有机污染物	0.75
霉菌毒素吸附剂	抑制霉菌毒素的繁殖	尚未产业化
钻井液材料（抗盐黏土）	适用于油井和气井钻井液用材料	3
食品添加剂凹凸棒石黏土	食用油脂脱色净化	45
包装用矿物干燥剂	包装用干燥	7.5
饲料用凹凸棒石黏土	用于饲料行业	15
凹凸棒石黏土干燥剂	主要用于药物、食品、服装、鞋帽、仪器等商品在储存和运输中控制环境的相对湿度，起到防潮、防霉、保质等作用	7.5
凹凸棒石黏土胶粘剂	主要用于颗粒饲料（配合饲料、饲料载体）、复合肥料和机械铸造行业作为胶粘剂和载体，以提高产品的质量和功效	15
涂料用凹凸棒石黏土	主要用于建筑涂料、水性内墙涂料等，也可用作一般塑料、橡胶、油漆的填料，以提高产品的质量和降低产品的生产成本	2
填料用凹凸棒石黏土	主要用于塑料、橡胶工业和工程材料、复合材料、功能材料等领域	15

产品名称	主要用途	产能 （万 t/年）
提纯凹凸棒石	具有凹凸棒石矿物的优良吸附性能和胶体性能，是制备凹凸棒石高新技术产品的基础物料，可精细加工成药用凹凸棒石、纳米凹凸棒石、凹凸棒石复合功能塑料等产品	4.5
纳米凹凸棒石	表面改性处理后，与多种塑料复合，制造各种特种工程塑料；与生物医药结合，制成多种外用、内服新功能、新疗效的凹凸棒石药物	1.5
凹凸棒石无机凝胶	主要用于化妆品、洗涤用品、涂料、油漆、日用化工品、印染助剂、润滑剂、黏合剂和增稠剂等	3
3A 分子筛	有机化工提炼	4.5
4A 分子筛	有机化工提炼	4.5
5A 分子筛	有机化工提炼	4.5
10X 分子筛	有机化工提炼	3
13X 分子筛	有机化工提炼	3
PAS 分子筛	有机化工提炼	3
玛雅蓝颜料	颜料	尚未产业化
棕榈油专用脱色剂	棕榈油专用脱色	尚未产业化
绝缘介质浆料	新能源电池隔膜材料	尚未产业化

3.4.3 其他国家基本情况

凹凸棒石在其他国家基本情况见表 3-17。

表 3-17 凹凸棒石在其他国家基本情况

国家	典型产地	年产量	资源储量	代表性公司
美国	佐治亚州西尔夫、佛罗里达州、墨西哥湾、南卡罗莱纳、新泽西、犹他、科罗拉多、怀俄明、华盛顿、阿拉斯加	200 万 t	2200 万 t	美国安格公司、米怀特公司、弗罗里丁公司、美国胶体公司
西班牙	马德里盆地、卡塞雷斯省	24 万 t	500 万 t	托尔萨公司
澳大利亚	莱克内拉梅恩、莱克弗洛姆	18 万 t	400 万 t	赫得森资源有限公司

世界凹凸棒石储量超过 1 亿 t。国外凹土开发较早，应用较广泛，凹土及其产品主要来源于美国、西班牙、澳大利亚。

美国在矿山开采、工厂管理以及产品的加工工艺技术上世界领先，生产的产品根据市场需求构成系列，渗透各行业各领域，其产品的技术含量高、质量稳定、附加值较高。美国凹土主要应用领域有宠物排泄物吸附、油和油脂吸附、硅酸盐水泥制造、动物饲料、农药载体、过滤材料、澄清剂、油和油脂的脱色剂、肥料载体、胶粘剂等。其中，75% 作吸附剂使用，25% 作其他用途。

西班牙凹土与海泡石共生，是世界上重要的凹土产地，是凹土研究最深入的国家。西班牙凹土的主要应用领域是吸附剂、钻井泥浆、油脂脱色、农药和医药载体等。澳大利亚凹土产品主要供应澳大利亚和新西兰市场，产品主要用于漂白土、制药、食品添加剂、泥浆、家畜食品和喷气式飞机燃料净化剂。

3.5　硅藻土在环保产业的应用调研

3.5.1　硅藻土市场调查结果

我国硅藻土开采、加工企业主要集中在吉林省白山市，其他地区销售企业居多。目前，吉林白山市硅藻土加工、销售企业发展到 59 户，其中规模以上企业 30 户，传统助滤剂生产企业有 23 户，年设计产能 36.6 万 t；硅藻土新材料企业 29 户，年设计产能 26.7 万 t。以远通矿业、东北亚、宝健纳米、法德龙、金豹木业、大华等企业为代表的硅藻土产业集群已具规模。本次主要调研企业和产品品种见表 3-18。

表 3-18　我国硅藻土主要生产企业和产品

公司名称	主要产品
临江远通硅藻土新材料有限公司	硅藻土、助滤剂、硅藻土板材、水处理剂
白山市东北亚新型建筑材料有限公司	光触媒硅藻泥轻质高强板
临江宝健纳米复合材料科技有限公司	纳米 TiO_2/硅藻土复合光催化材料
吉林法德龙硅藻土新材料科技有限公司	硅藻土日用品、空气净化剂
吉林省临江市大华硅藻土产品有限公司	硅藻土助滤剂、铸管涂料、微细粉
天宝硅藻土功能制品有限公司	助滤剂、墙材、填料、涂料、硅藻泥

公司名称	主要产品
长白川一硅藻土有限公司	硅藻土助滤剂、填料和载体、干燥剂、改性精土（污水处理）
内蒙古东盛硅藻土科技创新产业园公司	硅藻土、硅藻装饰板、硅藻土吸附剂
青岛盛泰硅业有限公司	助滤剂、颗粒吸附剂、硅藻泥、添加剂
临江市金豹木业有限公司	硅藻土生态环保室内外地板及装饰材料
张家港盖亚生态科技有限公司	硅藻土家居产品、硅藻土板材装饰画、壁画、硅藻土建筑装饰材料

3.5.2　硅藻土市场调查结果分析

我国硅藻土主要用作生产助滤剂、隔热保温材料等，其中临江、长白是助滤剂的主产区，浙江嵊州的硅藻土生态板材等产品具有较强竞争力。2017年硅藻土表观消费量达到43万t，2018年硅藻土表观消费量达到53.5万t。其中用于助滤剂约20万t，保温和生态建材约17万t，吸附剂及载体材料约5万t，水处理剂等环境治理材料约4万t，各类填料约5万t，其他约2.5万t。市场上主要硅藻土产品品种、用途和环保产业相关性见表3-19。

表3-19　我国硅藻土主要产品和用途

产品名称	主要用途	与环保相关
水处理药剂	用于废水处理	是
吸附剂	主要用于土壤改良、抗粘结、环保干燥、猫砂等	是
硅藻泥	用于室内空气净化、调湿、除味、抗菌等	是
硅藻土室内装饰板材	用于室内空气净化，吸附甲醛、有机物、异味等	是
助滤剂	用于酒水油脂等液体过滤	否
保温隔热材料	主要用于冶金、建材、机械、能源等行业的隔热保温	否
功能填料	主要用于颜料、油漆、塑料、橡胶、沥青、纸张等的填充料	否
催化剂载体	主要用于石油氢化作用过程中镍催化剂、制造硫酸中钒催化剂、石油磷酸催化剂等的载体	否

我国硅藻土消费量近年来不断上升，产出的硅藻土主要用于国内消费，少量用于出口；出口主要为原材料，进口主要为高附加值的助滤剂材料。总体来看，

我国的硅藻土产量呈现稳中有升的趋势，硅藻土出口量正在逐年减少，进口量保持平稳趋势。

3.5.3　其他国家基本情况

硅藻土在其他国家的基本情况见表 3-20。

表 3-20　硅藻土在其他国家的基本情况

国家	典型产地	年产量	资源储量	代表性公司
美国	加利福尼亚州、内华达州、俄勒冈州、华盛顿州	80 万 t	6.8 亿 t	Celite、一品矿物、伊戈佩切尔工业公司、格雷夫科公司
丹麦	日德兰半岛西北部	45 万 t	8000 万 t	丹麦福勒史密斯矿业公司
日本	北陆地区	15 万 t	1 亿 t	日本铃木产业株式会社
阿根廷	内乌肯盆地、萨尔塔省	20 万 t	1 亿 t	阿根廷矿业总集团

硅藻土在世界上分布广泛，根据统计显示，全球有 122 个国家或地区存在硅藻土资源，储量约 28 亿 t。其中美国是世界上最大的硅藻土储量国，储量约为 6.8 亿 t，占世界总量的 24%。中国仅次于美国，硅藻土储量约占全球总量的 20%，位列世界第二。除美国外，俄罗斯、秘鲁、法国、墨西哥、日本均存在优质的硅藻土资源。近年来，在阿尔及利亚、阿曼、新西兰和赞比亚等地陆续发现新的硅藻土矿藏。

虽然世界硅藻土资源分布较为广泛，但是可供直接开采、经济价值较高的资源很有限，全球硅藻土资源中，仅有美国加利福尼亚州的罗姆波克矿床、中国吉林省长白的马鞍山矿床和西大坡矿床可不经选矿直接加工生产硅藻土助滤剂。

世界上有 30 多个国家生产硅藻土，主要生产国有美国、中国、丹麦、日本、法国、墨西哥等。近年来硅藻土发展态势良好，全球硅藻土产量持续增长。目前，美国和中国继续主宰世界硅藻土的生产，而趋势是向中国集中。

目前，世界硅藻土每年消费 200 多万吨。由于各国资源条件和经济发展水平不同，其硅藻土消费结构也不一样。用于助滤剂的比率占消费总量的 55%～60%，经济发达国家硅藻土用于助滤剂的占比更高。目前，国外硅藻土助滤剂的需求量每年以 3.3% 的速率增长。美国的助滤剂品种有 100 多种，其次分别是填料、吸附剂、载体等。近几年，美国助滤剂相对份额略呈下降趋势，但依然占其总产品的 55% 以上。另外，法国、德国、丹麦和俄罗斯等工业发达国家，助滤剂产品也占主导地位。

美国是世界最大硅藻土生产国，在 4 个州有 7 家公司、11 个矿山、9 家加工厂生产硅藻土，主要生产基地在加利福尼亚州、内华达州、俄勒冈州和华盛顿州。美国主要生产厂商有 Imerys 集团（Celite）、EP Minerals 有限公司（EaglePicher 子公司）。其中，Celite 是世界上最大的硅藻土产品生产商，在全世界经营着 8 座硅藻土矿床和加工厂，Celite 牌硅藻土产品系列涵盖所有作业领域，产销量均居世界之首。美国硅藻土工业的生产成本主要由以下几部分构成：开采占 10%，加工占 60%～70%，包装和运输占 20%～30%。能源费用占直接费用的 25%～30%。

丹麦是欧洲生产硅藻土的主要国家之一，因生产莫勒型硅藻土而闻名，2018 年产量为 45 万 t，居世界第三。主要产地分布在丹麦日德兰半岛西北部的莫斯岛和富尔岛。

日本绝大部分地区都能低成本开发硅藻土资源，特别是北陆地区的石川县是日本主要的硅藻土生产基地，主要产品包括助滤剂、建材、保温绝热材料等。近年来，许多以硅藻土为原料的环保与健康功能型建筑材料，如调湿与环保型室内装修材料（壁材）、瓷砖、涂料等，在日本越来越受到消费者的青睐，由此拉动日本硅藻土建材生产一直保持稳定增长。

3.6 海泡石在环保产业的应用调研

3.6.1 海泡石市场调查结果

2018 年，我国海泡石生产和销售企业共 30 家左右，主要集中在湖南、河南、河北等海泡石矿产资源地。其中从事海泡石初级加工生产和贸易的企业占 80% 以上，规模都不大，低加工、低附加值是主要特点，高附加值产品较少。本次主要调研企业和产品品种见表 3-21。

表 3-21　我国海泡石主要生产企业和产品

公司名称	主要产品
湘潭源远海泡石新材料有限公司	海泡石农药载体、吸醛海泡石面粉、涂装材料用海泡石、海泡石饲料脱霉剂载体、海泡石空气净化剂

公司名称	主要产品
湘潭海泡石科技有限公司	海泡石、海泡石粉
湘潭龙瑞海泡石有限公司	海泡石原矿
湘潭县湘海新材料科技有限公司	空气净化剂
洛南县腾发海泡石开发有限公司	海泡石原矿、海泡石绒、海泡石粉
内乡县兴源海泡石开发有限公司	海泡石原矿、海泡石绒、海泡石粉
湘潭永邦海泡石科技有限公司	海泡石原矿、海泡石绒、海泡石粉
河北宏利海泡石绒有限公司	海泡石原矿、海泡石纤维、海泡石粉
陕西洛南县秦兴海泡石开发有限公司	海泡石绒
湖南省泉塘海泡石矿业有限公司	海泡石粉
河南内乡县兴磊海泡石有限公司	海泡石粉、海泡石绒
河北省易县海泡石开发有限公司	海泡石原矿、海泡石纤维、海泡石粉
河南内乡县东风海泡石有限责任公司	海泡石原矿、海泡石粉

3.6.2 海泡石市场调查结果分析

2018 年全国海泡石产量不到 20 万 t，主要用在建材、钻井泥浆、化工、农业、环保等领域。其中在环境保护领域主要用作重金属治理、受污染土壤修复、绿色环保建材、空气净化剂等，年用量为 6 万～8 万 t。我国市场上主要海泡石产品品种、用途和环保产业相关性见表 3-22。

表 3-22 我国海泡石主要产品和用途

产品名称	主要用途	与环保相关
海泡石空气净化剂	用于室内、汽车、冰箱的空气净化、抗菌、除味等	是
吸醛海泡石面粉	用于胶合板生产，替代改性淀粉，吸附净化	是
涂装材料用海泡石	用于建材领域，起吸附、净化、防霉、调湿作用	是
海泡石饲料脱霉剂载体	用于饲料脱霉剂载体	是
土壤污染用海泡石螯合剂	主要用于治理土壤重金属污染，固化重金属离子	是
海泡石吸醛环保涂料	用于功能壁材中吸附净化空气	是

产品名称	主要用途	与环保相关
海泡石印花糊料	主要用于印染	是
高纯海泡石	主要用于制作各种功能材料	是
海泡石农药载体	主要用作农药载体	否
海泡石醇基涂料	主要用于熔模铸造、消失模铸造等	否
摩擦材料用海泡石纤维	主要用于刹车片	否
钻井泥浆用海泡石悬浮剂	主要用作钻井泥浆材料	否
工艺品	海泡石烟斗、雕刻品、装饰物等	否

3.6.3 其他国家基本情况

海泡石属于稀有非金属矿，除中国外，主要分布在西班牙、美国、土耳其等少数国家。西班牙是全球最大的海泡石生产国，80%以上的海泡石销往欧洲、美国、日本等地。

欧洲70%以上的海泡石产品被消费在宠物垫圈市场，其余被用作吸附剂、杀虫剂、脱色剂、烟气过滤剂、增稠剂、悬浮剂、填料等。欧洲市场对海泡石产品的需求量逐年增加，增长点主要来自高附加值的产品，如流变剂产品、改性海泡石产品等。

海泡石在日本用途很广，主要用于制造高效除霉剂、抗盐混凝土、防锈剂、酸气吸附剂、洗涤剂填料、吸附剂、除臭剂、香烟滤嘴等产品。

3.7 重晶石在环保产业的应用调研

3.7.1 重晶石产品市场调查结果

从重晶石行业企业分布情况来看，我国重晶石行业内企业区域格局明显，主要集中在贵州、湖南、广西等地。贵州企业最多，有800多家，但大多集中在开采、粗加工阶段，近几年因环保原因关停不少。我国重晶石矿产有如下明显的特点：在量的方面，主要分布在中部地区；在品位方面，主要集中在贵州、广西；矿床以大、中型为主。仅贵州天柱大河边与湖南新晃贡溪两矿产地就占大中型产地储量的一半以上，而且共、伴生矿产储量多，利于综合利用。

此次调研针对防辐射材料用重晶石企业展开，共有 20 家企业接受了此次调研，代表性生产企业、主要产品和产能见表 3-23。

表 3-23 我国防辐射材料用重晶石主要生产企业、产品和产能

企业名称	主要产品	产能
河北辛集化工集团有限责任公司	重晶石原矿、粉、沉淀硫酸钡	50 万 t/年
渑池县金鹰矿产品有限责任公司	重晶石粉	20 万 t/年
安康市汉滨区东香矿业公司	重晶石、重晶石粉	15 万 t/年
贵州赛博盟微粉工业有限公司	重晶石原矿、粉	10 万 t/年（自有矿山）
竹山县秦巴钡盐有限公司	沉淀硫酸钡、重晶石原矿、粉	8 万 t/年（自有矿山）
贵州新力拓矿业有限责任公司	超细微硫酸钡、重晶石矿、粉	5 万 t/年
竹山县隆福矿业有限责任公司	重晶石原矿、粉	5 万 t/年（自有矿山）
湖北利铭矿业有限公司	重晶石矿、粉	5 万 t/年
象州县顺源矿业加工厂	重晶石原矿、粉	5 万 t/年
潍坊市正诚矿产材料加工厂	防辐射重晶石	3 万～5 万 t/年（自有矿山）
巩义市佰斯特环保材料有限公司	重晶石原矿、粉	3 万 t/年

3.7.2 重晶石产品市场调查结果分析

重晶石一般应用于石油钻探、化工、玻璃、橡胶、塑料、油漆、建筑等行业。我国重晶石产品的消费构成：85%～90%用作油、气勘探钻井，8%用于生产涂料、橡胶、玻璃及含钡化工原料，在各种防辐射建筑物中用量约占 4%。应用领域和主要用途见表 3-24。

表 3-24 我国重晶石应用领域和主要用途

应用领域	主要用途
石油钻探	油气井旋转钻探中的环流泥浆加重剂
化工	生产碳酸钡、氯化钡、硫酸钡、锌钡白、氢氧化钡、氧化钡等各种钡化合物、填料
玻璃	去氧剂、澄清剂、助熔剂

应用领域	主要用途
橡胶、塑料、油漆	填料、增光剂、加重剂
建筑	防辐射混凝土骨料、防辐射涂料

重晶石在环保领域主要用于生产防辐射水泥、砂浆及混凝土等。为获得理想的综合效益，重晶石密度须尽可能大，一般以重晶石表观密度≥4.15g/cm³为标准进行选材。各行业对重晶石产品指标要求和市场情况见表 3-25。

表 3-25　重晶石产品销量和市场调查表

用途	销量占比	价格 （元/t）	主要市场分布	产品要求
钻井泥浆	50%	40~550	油田开采地	相对密度>4.2, 325 目
锌钡白颜料	5%	120~1400	珠三角、长三角, 江浙	白度>90，细度>1250 目
填料	10%	500~900	东部沿海	白度>95，油漆行业细度>2000 目，其他行业 500 ~ 1250 目
水泥	10%	500~800	全国	相对密度>4.2
防辐射及配重	20%	500~1000	华北	相对密度>4.2
其他	5%	600~800	上海、广东、浙江等	—

2018 年我国重晶石的产量为 482.11 万 t，需求总量为 420.11 万 t。随着我国放射源越来越多，管理越来越严格，防辐射水平越来越高，重晶石在环保防辐射领域的用量会逐年提高。

中国重晶石及其产品国际贸易情况见表 3-26。

表 3-26　中国重晶石及其产品国际贸易情况表

品名	数量（t）		金额（万美元）		主要进口来源和出口对象
	进口	出口	进口	出口	
重晶石	47.4	1860267.7	1.6	5784.1	进口：加拿大 出口：美国、荷兰、日本、韩国等
碳酸钡	434.6	113171.2	69.2	3310.8	进口：俄罗斯、中国台湾、日本 出口：日本、荷兰、新加坡等
氯化钡	9.5	17846.3	262	461.5	进口：日本 出口：日本、韩国、中国台湾

续表

品名	数量（t）		金额（万美元）		主要进口来源和出口对象
	进口	出口	进口	出口	
硫酸钡	702.2	12026.1	62.5	292.8	进口：中国台湾、德国 出口：美国、日本、中国台湾等
立德粉	96.9	54747.8	5.4	2253.4	进口：中国台湾、美国 出口：埃及、罗马尼亚、印度尼西亚

3.7.3　其他国家基本情况

重晶石在其他国家基本情况见表 3-27。

表 3-27　重晶石在其他国家基本情况

国家	典型产地	年产量	资源储量	代表性公司
美国	内华达州、阿肯色州、佐治亚州	42 万 t	1500 万 t	墨西哥湾钻探公司
哈萨克斯坦	阿特劳州	30 万 t	8000 万 t	吉姆佩克斯公司
土耳其	伊斯坦布尔	20 万 t	3500 万 t	马德尔公司、巴斯塔斯公司、波尔达公司
印度	新德里、孟买	90 万 t	3200 万 t	安得拉邦矿业公司、吉姆派克斯矿物公司、印度重晶石与化学公司
伊朗	哈马丹、伊拉姆	30 万 t	2400 万 t	伊朗工业公司
摩洛哥	胡德山	18 万 t	1000 万 t	西峡金瑞矿业公司

　　世界重晶石资源分布较广，除南极洲外，各大洲均有产出。据统计，2015年世界重晶石储量为 3.8 亿 t，资源量约为 20 亿 t。其中中国储量居首位，约占全球的 26%，其次为哈萨克斯坦、土耳其、印度和伊朗等国家，这 5 个国家储量占全球总储量的 72% 以上，资源集中程度较高（图 3-1）。

　　中国、印度和摩洛哥是全球最主要的重晶石出口国，三国合计重晶石出口量一直占全球总出口量的 80% 左右。中国多年来一直位居全球重晶石出口第一位。

　　在进口贸易方面，全球重晶石进口国则比较分散，主要重晶石进口国和地区有 30 多个，以油气勘探和生产国、钡化工发达国家为主。美国、加拿大、沙特阿拉伯、日本、德国和荷兰等国家是重晶石主要进口国。

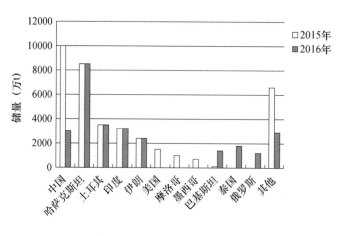

图 3-1　全球重晶石储量分布

3.8　电气石在环保产业的应用调研

3.8.1　电气石产品市场调查结果

我国的电气石潜在资源量较大，分布较广，全国除上海、天津、重庆、宁夏、江苏、海南及港、澳、台等未见报道有电气石产出外，其余 25 个省、市、自治区均发现有电气石产出，特别是西部地区的电气石资源较丰富。全国已知电气石产地 150 多处，有 80 多处具一定规模。

此次调研针对电气石原料及相关制品企业展开，共有 15 家企业接受了此次调研，此次列举了几家有代表性的企业及具体情况，见表 3-28。

表 3-28　我国电气石主要生产企业、产品和产能

公司名称	主要产品	产能（t/年）
阿勒泰地区北屯广先矿产品加工厂	电气石晶体，单晶体六棱柱电气石	200（自有矿山）
浙江纳巍负离子科技有限公司	电气石制品	1500
桂林新竹大自然生物材料有限公司	电气石粉制品	200
桂林浩旺新材料有限公司	电气石粉	300
桂林托玛琳矿业有限公司	电气石粉、纳米粉	2000（自有矿山）

公司名称	主要产品	产能（t/年）
江西省安远县高云山矿业有限公司	电气石粉末	2000~3000（自有矿山）
河北京航矿产品有限公司	电气石晶体、粉末	200
灵寿县峰联矿产品加工厂	电气石粉	1000
灵寿县经纬矿产品加工厂	电气石晶体、粉末、负离子粉	1000
灵寿县大辰矿产品加工厂	电气石晶体	120
赤峰市物华天宝矿物材料有限公司	电气石颗粒、粉末	1200（自有矿山）
天津鸿雁矿产品有限公司	电气石颗粒、粉末	纤维状：1000~2000 单晶体：150
内蒙古绿晟新材料科技有限公司	电气石颗粒、粉末	10000

3.8.2　电气石产品市场调查结果分析

2018 年中国电气石产量约 20 万 t，主要集中在新疆、广西、内蒙古等矿产资源所在地。国内企业的电气石产量普遍不高，但产生的价值较高，尤其是基于电气石开发的各种健康环保材料。

随着我国对电气石应用价值研究的深入，国内很多企业开始从事电气石应用产品的开发，如上海珍奥、太原伦嘉两家公司应用电气石开发了功能纺织品、床上用品、化妆品等，桂林新竹大自然、桂林百寿泉等公司应用电气石开发了岩盘浴房、功能项链等，托玛琳、淄博华康、吉林鑫晨等公司应用电气石开发了陶瓷球、地板等建材产品。

随着市场需求的增多和产品利润的提升，电气石行业也出现了很多问题，如矿产资源地无序开采造成资源的浪费，杂质较多的电气石以次充好给下游功能产品带来应用问题。功能纺织品、化妆品等产品对电气石的粒度、纯度有要求，功能陶瓷球、涂料等产品对电气石的重金属含量有要求，纯度不够的电气石不仅无法实现产品功能性，还会因给下游产品引入杂质而损害电气石产业的良性发展。

由于电气石行业缺少标准，开采加工电气石的企业无法明确产品质量指标，应用企业也无法判断电气石产品质量优劣。为了电气石资源的合理开发和应用，应加大电气石的开发投入，并尽快制定行之有效的电气石行业标准，这对电气石行业来说意义重大。

3.8.3 其他国家基本情况

电气石在其他国家基本情况见表 3-29。

表 3-29 电气石在其他国家基本情况

国家	典型产地	年产量	资源储量	代表性公司
美国	加利福尼亚	120 万 t	2000 万 t	爱休体劳达公司
巴西	米纳斯吉拉斯、帕拉伊巴	200 万 t	4000 万 t	巴西伊特矿业有限公司
斯里兰卡	东南部冲积砂矿	150 万 t	1800 万 t	兰卡矿业集团
日本	—	30 万 t	500 万 t	松下电器公司

电气石目前探明的资源分布在全球少数几个国家和地区，质量较好、储量较大的电气石资源主要分布在巴西、印度、中国，此外美国、坦桑尼亚、马达加斯加和津巴布韦等国也有发现。日本电气石原料从巴西进口，其进口价每吨近 1 万美元，可见其资源潜在价值巨大。

在电气石开发研究领域，日、美、韩及一些欧洲国家处于领先水平，涉足的领域也很广泛，如电子、医药、化工、轻工、环保等，其产品有替代洗衣粉的洗涤球、皮肤和头发洗涤剂、化妆品填料、污水处理剂（装置）、浮尘吸收剂、人造纤维等，日本科技界将电气石广泛用于环保、医疗、日用化工、塑料、建筑装潢、国防、负离子发生装置、健康衣料及保健品、化妆品、卷烟、配药、汽车、涂料、改良土壤、水质处理、净化空气以及屏蔽电磁辐射等高科技领域。

日本、美国在电气石开发研究及应用（商品化）方面为世界瞩目，例如，世界性的化妆品厂商爱休体劳达公司生产的电气石化妆品，其商品名"拉美尔"是最高级品的象征。在日本，用电气石研制的"亮白"品牌的雪花膏、化妆粉、化妆水、美容液等，由于其明显的效果和改善人体皮肤的效用而受到人们的青睐。松下电器开发成功的划时代产品——电气石纤维、AP 人造纤维，还成功地研发出把磁铁与电气石结合为一体的磁电石。日本国内的大企业陆续将电气石商品化，如应用电气石研发的厨房和卫生间清洁冲水用品、电气石牙刷等。

3.9 高岭土在环保产业的应用调研

3.9.1 高岭土产品市场调查结果

因为高岭土必须通过表面改性制成改性高岭土，才能满足环保产业的应用需求。所以，此次调研主要针对改性高岭土企业展开，共有 10 家企业接受了此次调研，部分改性高岭土生产企业、产品和产能见表 3-30。

表 3-30　我国部分改性高岭土生产企业、产品和产能

企业名称	主要产品	产能（t/年）
忻州金源高岭土制品有限公司	硅烷偶联剂改性煅烧高岭土	1000～5000
琚丰新材料科技有限公司	硅烷偶联剂改性煅烧高岭土	30000
大同煤业金宇高岭土化工有限公司	硅烷偶联剂改性煅烧高岭土	2000
扬州帝蓝化工原料有限公司	酸碱盐改性煅烧高岭土	8000
上海目宜新材料科技有限公司	硅烷偶联剂改性水洗高岭土	3000
山西金宇科林科技有限公司	硅烷偶联剂改性煅烧高岭土	5000

3.9.2　高岭土产品市场调查结果分析

因为工艺复杂，改性高岭土的价格普遍高于普通的煅烧高岭土价格，也因为改性高岭土市场和用量较煅烧高岭土小，故企业很少大批次生产。目前国内高岭土行业呈现生产规模较小、生产技术落后的特点，普通高岭土系列产品进入涂料和橡胶塑料行业、玻璃纤维制品业存在较大的技术壁垒。为了不断拓展高岭土的应用范围，提高使用价值，需要对高岭土进行改性。高岭土经改性处理后内部孔道得到改善，可以呈现出选择吸附性能，在环保产业得到很好的应用。

改性高岭土在各类水处理中显示出了较优越的性能，它最大的优点就是经济环保，用作水处理剂不会带来二次污染。因此，对高岭土的改性研究有着较为显著的实际意义。我国高岭土资源丰富，探索在水处理中的应用技术，开发水处理用系列产品，将有十分广阔的市场前景。

3.9.3　其他国家基本情况

目前全球高岭土的探明储量大约有 320 亿 t，主要分布在美国、英国、中国、巴西等地，其中美国以 82 亿 t 的储量居首，英国储量为 35 亿 t，我国储量大约为 30 亿 t，居世界第三。目前，世界上开发高岭土的大公司有 11 家，其高岭土产量合计占世界总产量的 54%。高岭土在其他国家基本情况见表 3-31。

表 3-31　高岭土在其他国家基本情况

国家	典型产地	年产量	资源储量	大公司
美国	佐治亚州、南卡罗纳州	1200 万 t	88 亿 t	埃默瑞斯公司、恩格尔哈德公司、胡贝尔公司

续表

国家	典型产地	年产量	资源储量	大公司
巴西	帕拉州、亚马逊盆地	300 万 t	25 亿 t	卡丹姆公司
英国	圣奥斯特尔、里莫尔	450 万 t	30 亿 t	沃维林·波钦公司
韩国	庆南庆北地区	50 万 t	2.4 亿 t	韩国大光有限公司
新西兰	奥克兰北部	80 万 t	2000 万 t	新西兰陶瓷公司

3.10 石英在环保产业的应用调研

3.10.1 石英产品市场调查结果

此次调研主要针对石英砂滤料企业展开，共有 20 家企业接受了此次调研，国内主要水处理用石英砂企业、产品和产能见表 3-32。

表 3-32 国内水处理用石英砂主要生产企业、产品和产能

企业名称	主要产品	产能（t/年）
巩义市鼎盛净水材料有限公司	水处理剂、水处理用石英砂	100000
广西胜之道贸易有限公司	石英砂滤料	80000
郑州友联水处理有限公司	石英砂滤料	50000
新沂市宏润石英硅微粉有限公司	石英砂滤料	20000
福建省海润砂业有限公司	水处理用石英砂	15000
凤阳县硅谷石英砂有限公司	石英砂滤料	15000
巩义市恒泰滤材有限公司	净水滤料、药剂	8000
凤阳县金艺石英砂有限公司	石英砂滤料	6000
阿克陶县桂新矿业开发有限公司	石英砂滤料	5000
巩义市美源净水材料有限公司	水处理用石英砂	3000
南京市六合区建宁石英砂厂	石英砂滤料	3000
青岛德艺林滤料有限公司	水处理用石英砂	1000
北京罗道环保科技有限公司	过滤器系列、滤料耗材	800

3.10.2　石英产品市场调查结果分析

石英砂在水处理行业的用量近年呈上升趋势，这与国家大力提倡环保和资金大量投入有关系。水处理行业石英砂年用量大约在 40 万 t。在调查中发现，石英砂的价格受到多种因素的影响，不同地区的石英砂价格差异较大，普通石英砂滤料价格为 310～520 元/t，精制石英砂滤料价格为 640～800 元/t。

石英砂滤料只是整个石英产业的细小分支。随着人们对环保问题和健康生活的日益重视，人们对企业的环保行为也提出了更高的要求，石英砂滤料行业的规模也会日益扩大，对石英砂滤料的需求量将有很大的增长。

3.10.3　其他国家基本情况

早在几十年前，西方国家就开展了石英砂粗滤料过滤技术研究。后来法国开发了 V 形滤池，通常石英砂滤料粒径范围为 0.9～1.35mm，也可扩至 0.7～2.0mm，层厚为 0.95～1.50m。

美国也在几十年前就已采用石英砂滤料建成日处理水量 216 万 t 的洛杉矶水厂，有效粒径 d（10）达 1.5mm，均匀系数 k（60）为 1.5，层厚为 1.8m。由美国设计的巴西圣保罗水厂日处理量 130 万 t，采用石英砂滤料，有效粒径 d（10）为 1.7mm、均匀系数 k（60）达 1.5，层厚为 1.8m。

近几年美国莱斯大学研发出一种利用碳纳米管和石英纤维制成的新型过滤器，据称能净化 99％的重金属。新型过滤器使用石英纤维作为衬底，在其上面放置碳纳米管并用氧化剂处理。研究人员发现这种过滤器能够在不到 1min 内处理 5L 的水，然后在 90s 内用醋清洗，再次使用。该团队表示，这一步并不影响其浸泡金属的性能。

3.11　累托石在环保产业的应用调研

3.11.1　累托石市场调查结果

国内累托石生产企业只有湖北荆门注册登记 2 家，设计产能为 6 万 t/年，如果达产后实际产能不到 2 万 t/年，目前尚未产业化。2018 年我国累托石主要生产企业见表 3-33。

表 3-33　2018 年我国累托石主要生产企业

表 3-33　2018 年我国累托石主要生产企业

公司名称	主要产品	备注
湖北名流累托石科技股份有限公司	累托石精矿及产品	尚未产业化
湖北钟祥名流累托石开发有限公司	累托石精矿及产品	尚未产业化

3.11.2　累托石市场调查结果分析

累托石虽然具有多种优良性能，但在国际范围内对其研究更多地侧重于矿物学领域，在应用开发研究的广度和深度上都不足，产业化时很多技术层面的问题无法解决，导致其产业化之路进展缓慢。即使是湖北钟祥的高品位累托石矿，也因为伴生矿类别多、成分复杂等原因，提纯难度高，在国内也未真正实现产业化。

3.11.3　其他国家基本情况

世界上已知的较为确定的累托石产地有 40 余处，主要分布在亚洲、欧洲和北美洲。大部分产地的累托石与其他黏土矿伴生，品位较低，只有少数产地的累托石在黏土中含量较为集中，形成矿化或矿点。全球范围内，累托石能形成工业矿床的产地很少，国外仅有日本栃木县船生矿山、匈牙利托考伊山脉基拉伊海杰什矿山，以及美国犹他州中北部的矿床。

第4章　环境工程及健康用矿物材料

4.1　吸附类矿物材料

4.1.1　硅藻土类吸附材料

1. 精硅藻土

多数硅藻土矿程度不同地含有石英、长石等碎屑矿物及氧化铁、黏土类杂质矿物以及有机物杂质，通过选矿提纯可以提高硅藻土的吸附性能。郑水林等对长白山硅藻土的选矿提纯结果表明，原硅藻土的比表面积为 $19.11m^2/g$，精硅藻土为 $32.43m^2/g$，精硅藻土的比表面积明显大于原硅藻土，因此其应用性能更好。

2. 硅藻土助滤剂

硅藻土助滤剂是以硅藻土为基本原料制成的一种粉体产品，是提高液体过滤速度、改善澄清度的良好过滤材料，广泛应用于啤酒、饮料、食品、医药等的过滤和澄清。

硅藻土助滤剂产品已成系列化，按生产工艺不同分为干燥品、煅烧品和熔剂煅烧品。

（1）干燥品

将提纯净化、预干燥、粉碎后的硅藻土原料，在 $600\sim800℃$ 的温度下干燥，然后粉碎而成干燥品。这种产品粒度很细，适用于精密过滤，常与其他助滤剂配合使用，干燥品多为淡黄色，也有乳白和淡灰色。

（2）煅烧品

将提纯净化、干燥、粉碎后的硅藻土原料加入回转窑，在 $800\sim1200℃$ 的温度下煅烧，然后粉碎、分级，即得煅烧品。与干燥品相比，煅烧品的渗透率高 3 倍以上。煅烧品多呈浅红色。

（3）熔剂煅烧品

经提纯净化、干燥粉碎后的硅藻土原料加入少量碳酸钠、氯化钠等助熔类物质，在 900～1200℃ 的温度下煅烧、粉碎和粒度分级配比后即得熔剂煅烧品。熔剂煅烧品的渗透率明显提高，为干燥品的 20 倍以上。熔剂煅烧品多呈白色，当 Fe_2O_3 含量高或助熔剂用量少时呈浅粉红色。

3. 硅藻土催化剂载体

硅藻土的独特成分和颗粒形貌使其成为耐酸碱、耐高温、易分离的优质催化剂载体。目前成功应用的是负载钒作为制备硫酸的催化剂。

以硅藻土为载体的钒催化剂的实际应用见表 4-1。

表 4-1　硅藻土作为工业催化剂的主要用途

反应类型	催化过程	活性组分
氧化	苯氧化制苯酐或马来酸酐	V_2O_5、MoO_3、WO_3
	正丁烯氧化制马来酸酐	V_2O_5-P_2O_5
	萘氧化成萘醌、邻苯二甲酸酐、马来酸酐	V_2O_5、V_2O_5-K_2SO_4
	邻二甲苯氧化制邻甲基苯甲醛、邻苯二甲醛	V_2O_5、V_2O_5-MoO_3、V_2O_5-Co_2O_3
	邻苯二甲酸酐	V_2O_5-CeO_2、MoO_3、MoO_3-P_2O_5
	SO_2 氧化成 SO_3	碱金属硫酸盐
	丁烯氧化制丁烯二酸酐	P、Co、Zn、Fe、碱金属
	丙烯胺氧化制丙烯腈	Sn-Mo-Bi-Fe-Co-In-W
加氢	苯加氢制环己烷	Ni、Co
	腈加氢制亚胺或伯胺；脂肪类、油类及脂肪酸类、醛酮中的羰基、伯胺、豆油及乙醇加氢以及芳香烃高压加氢等	Ni
脱氢	甲醇脱氢制甲醛	ZnO、Cu
	异丙醇脱氢	Cu、Zn、Mn
	乙醇脱氢制乙醛	Cu-Mg
水合	乙烯水合制乙醇、丙烯水合制异丙醇	H_2PO_4
还原	高级醇还原	Ni
	芳香族、硝基化合物还原	Ni（NO_3）$_2$
合成	氯乙烯合成	HgCl、KCl
	F-T 合成醛、醇、酮	Co
	合成汽油	Co-Th
	醋酸乙烯合成	Pd

反应类型	催化过程	活性组分
其他	蒸汽转化烃类为 $CO+H_2$	Ni、Co
	丙烯聚合	H_3PO_4
	芳烃烷基化	H_3PO_4
	脱硫	Ni

4.1.2 膨润土吸附材料

（1）活性白土

经过酸活化处理的膨润土称作活性白土，又称漂白土，是一种具有微孔网状结构、比表面积很大的多孔型白色或灰白色粉末，具有较强的吸附性。

膨润土经酸处理活化后具有良好的脱色性能。脱色力是评价活性白土性能的一种技术指标。脱色力是在相同测试条件下，选择一种脱色力适中的标准土，与试样对同一种菜油介质进行脱色。在脱色效果相同的条件下，标准土用量 m_1 与试样 m_2 之比乘以标准土的脱色力值即为试样的脱色力。

国内生产的活性白土主要技术指标见表 4-2。

表 4-2　活性白土的主要技术指标

项目		指标					
		I 类				II 类	
		H 型高活性度的活性白土		T 型高脱色率的活性白土		一等品	合格品
		一等品	合格品	一等品	合格品		
脱色率（%）	≥	70	60	85	75	90	80
活性度（H^+ mmol/kg）	≥	220	200	140		100	
游离酸（以 H_2SO_4 计）质量分数（%）	≤	0.20				0.50	
水分（%）	≤	8.0		10.0		12.0	
粒度（通过 $75\mu m$ 筛网）（%）	≥	90				95	
过滤速度（mL/min）	≥	5.0	—	5.0	—	4.0	—
振实密度（g/mL）		0.7~1.1					
主要用途		石油加工产品（润滑油、石蜡、凡士林）的脱色精制				工业动植物油脱色精制	

（2）钠化膨润土

钠化膨润土的工艺性能明显优于钙化膨润土。钠化膨润土吸水率和膨胀容大，阳离子交换容量高，在水介质中分散好，胶质价大，胶体悬浮液触变性、黏度、润滑性好等。因而膨润土的钠化改型，是膨润土的主要加工技术之一。

钠化膨润土的化学成分：人工钠化膨润土产品的化学组成特点与构成蒙脱石各组分基本保持稳定，只是 Na_2O 和 CaO 的含量发生了变化。物化性能：信阳、宣化天然钙基膨润土及人工钠化后的钠化膨润土产品的各项物理、化学性能测试结果见表 4-3～表 4-5。从这 3 个表中可见，与天然钙基膨润土相比，人工钠化膨润土的物理化学性质变化显著。

表 4-3　膨润土的物理化学性质

地区		河南信阳		河北宣化	
样品名称		天然钙化土	人工钠化土	天然钙化土	人工钠化土
蒙脱石含量（%）		61.9	69.30	60.83	60.60
pH 值		8.10	10.20	10.00	10.56
交换容量 CEC（mmol/g）		7.034	8.422	8.527	8.988
阳离子交换容量 （mmol/g）	K^+	0.55	0.98	1.15	1.23
	Na^+	4.62	52.72	21.20	48.16
	Ca^{2+}	53.43	15.85	35.35	19.06
	Mg^{2+}	10.68	11.94	29.15	20.62
盐基总量 $\sum E$（mmol/g）		69.29	81.49	86.86	89.07
$\sum E/CEC$		0.98	0.97	0.97	0.99
比值	Na^+/Ca^{2+}	0.09	3.33	0.60	2.53
	$(K^++Na^+)/(Ca^{2+}+Mg^{2+})$	0.08	1.93	0.35	1.25
Na^+/CEC（%）		6.57	62.6	24.86	53.58
吸水比（W_p）		57.80	36.29	88.00	45.68
质量法吸水率（%）		296.94	475.52	172.37	333.69

注：W_p 为前 10min 吸水量和 2h 后的吸水量的比。

表 4-4　膨润土易溶盐化学成分分析结果　　　　　　　　　　mg/kg

地区		河南信阳		河北宣化	
样品名称		天然钙化膨润土	人工钠化膨润土	天然钙化膨润土	人工钠化膨润土
阳离子	Ca^{2+}	9.62	136.87	3.01	134.87
	Mg^{2+}	7.90	64.44	8.87	81.23
	Na^+	42.32	552.92	67.08	453.10
	K^+	1.17	2.34	0.56	35.71
	总量	61.01	756.57	80.53	704.91
阴离子	HCO_3^-	68.95	101.90	6.10	274.54
	CO_3^{2-}	43.21	379.62	92.43	568.39
	SO_4^{2-}	23.05	1405.17	29.30	504.79
	Cl^-	6.03	17.73	5.32	12.41
	总量	141.24	1604.42	133.15	1378.13
总盐量		202.25	2360.99	213.68	2083.04

表 4-5　膨润土的悬浮性能

地区	样品名称	胶质价 (mL/g)	膨胀力 (MPa)	膨胀容 (mL/g)
河南信阳	天然钙化膨润土	6.33	1	3.20
	人工钠化膨润土	6.67	9	14.5
河北宣化	天然钙化膨润土	2.57	0.7	3.00
	人工钠化膨润土	6.67	2.1	10.5

（3）锂化膨润土

锂化膨润土能够在有机溶剂中成胶，代替有机膨润土。锂化膨润土在水中、低级醇及低级酮中有优良的膨胀性、增稠性和悬浮性，因而被广泛用于建筑涂料、乳胶漆、铸造涂料等产品中取代各种有机纤维素悬浮剂。天然锂化膨润土资源很少，因此，人工锂化是制备锂化膨润土的主要方法之一。

人工锂化是用锂离子置换蒙脱石层间可交换的 Ca^{2+}、Mg^{2+} 等阳离子，将钙化膨润土改型为锂化膨润土，一般用 Li_2CO_3 作为锂化剂。

4.1.3　沸石吸附材料

（1）沸石粉

由于沸石具有独特的内部结构和物理化学特性，作为吸附、催化和环保材料在石油化工、轻工、环保等领域得到广泛应用。

①石油和化工

沸石可用作干燥剂、吸附剂和气体分离剂用于石化领域，例如用天然沸石制成的干燥剂和吸附剂可选择性吸收 HCl、H_2S、Cl_2、CO、CO_2 及氯甲烷等气体；可分离天然气中的 H_2O、CO_2 和 SO_2 等，提高天然气质量；可分离空气中的 O_2、N_2，制取富氧气体和氮气；也可除掉其他有用气体中的痕量 N_2。利用沸石的吸附性能，还可回收合成氨厂废气中的氨；吸附硫酸厂废气中的 H_2S 等。利用沸石的离子交换性，以 Na^+ 和 K^+ 离子置换法可从海水中提取钾。其中斜发沸石对钾有特殊的选择交换性能，用饱和 $NaCl$ 溶液在 $100℃$ 下将斜发沸石改型成 Na 型沸石，其离子交换容量可进一步提高，从而改善提钾效果。

②水处理

废水中含 Hg^{2+}、Cd^{2+}、Pb^{2+}、Zn^{2+}、Cu^{2+}、Ni^{2+}、Cr^{3+}、As^{3+} 等重金属阳离子和有机污染物，斜发沸石、丝光沸石因对这些杂质具有强烈吸附作用而用作其净化材料。沸石还可净化废水中的 $NH_3\text{-}N$、$H_2PO_4^-$、HPO_4^{2-}、PO_4^{3-} 等以及污水中的氨态氮（$NH_3\text{-}N$）等有害杂质。沸石的离子交换作用还被用来从工业废水中回收某些金属。沸石还可在改善水质方面加以应用。天然沸石可吸附硬水中的阳离子，使水软化。斜发沸石作离子交换吸附剂，经硫酸铝钾再生系列处理，可降低高氟水中的氟含量，并使之达到饮用水标准。

③空气净化

以沸石为载体，通过孔道吸附作用活化、抗菌组分在纳米孔道中组装并稳定固化等技术制备的具有无机抗菌和快速吸附除味功能的无机抗菌型除味剂可成为居室、卫生间、汽车内和电冰箱等局部环境空气的净化产品。

④其他

沸石还可用于核废料处理。如斜发沸石和丝光沸石具有耐辐射功能，且对 ^{137}Cs、^{90}Sr 有高的选择性交换能力，因而可用以除去核废物中半衰期较长的 ^{137}Cs、^{90}Sr，并通过熔化沸石将放射性物质长久固定在沸石晶格内，从而控制放射性污染。

（2）活性沸石

为了提高沸石粉的吸附和离子交换效果，研究者将天然沸石粉碎到一定粒度，然后置于盐酸或硫酸溶液中浸渍处理，中和后煮沸，最后将产品干燥、焙烧。经过这样加工处理后的沸石称为活性沸石，其吸附性能显著提高。表 4-6 是经过酸处理的活性沸石对 NH_3 及空气的吸附效果。

表 4-6　经过酸处理的活性沸石对 NH_3 及空气的吸附效果

吸附剂	气体种类	气体浓度（%）	
		入口	出口
活性沸石	NH_3	30	0.05
	空气	40	0.08
活性炭	NH_3	30	0.075
	空气	40	0.120

（3）改型与人工合成沸石

天然沸石经过适当的化学改型处理，可使其本来就有的离子交换能力更强，使吸附离子较差的沸石变成吸附能力较强的新型沸石。目前改型与人工合成沸石最具代表性的品种有 P 型沸石、H 型沸石、Na 型沸石、Cu 型沸石、Ca 型沸石以及八面沸石，人工合成 A 型沸石、X 型沸石和 Y 型沸石等。

P 型（LGZ-1 型）沸石是直接用天然沸石改性后制备的一种洗涤剂助剂。作为洗涤剂，其主要性能是吸附 Ca^{2+}、Mg^{2+}。

目前探明的沸石很大部分为斜发沸石，其不足之处是比表面积和孔径小。将斜发沸石改型为八面沸石，则可应用于化工、石油精炼等领域，显著提高这种天然沸石的使用价值。

Na 型沸石的生成方法：将天然丝光沸石用过量的钠盐溶液（NaCl、Na_2SO_4、$NaNO_3$）处理，保持 Na^+ 交换率在 75% 以上，再经成形，于 90～110℃下干燥，最后在 350～600℃温度下加热活化。Na 型沸石对气体的吸附容量较大。

将天然沸石用 2mol/L 的 NH_4Cl 溶液处理，然后用 2mol/L 的 KCl 溶液作洗涤剂，能使阳离子交换容量达到 1450mmol/kg。

天然沸石的纯度、白度、离子交换容量等重要性质受到杂质矿物的影响，因此，人工合成沸石已经成为单独的产业，各类合成沸石也在有机化工、环境净化、催化等领域发挥着越来越重要的作用。由于人工合成沸石不是本书的主要研究对象，不做详细介绍。

4.1.4　凹凸棒石吸附材料

中科院兰州化物所王爱勤教授团队、江苏盱眙科技局郑茂松教授等对凹凸棒石的提纯、改性、应用做了多年的研究，并有系列成果，实现了产业化生产。凹凸棒石作为吸附材料，在食用油脱色、棕榈油脱色等方面得到广泛的应用。其加工工艺主要包括提纯和分散两个部分。另外，纳米化凹凸棒石已经完成了工业化试验。相关产品在水处理、土壤重金属钝化方面有着显著的效果。将凹凸棒石黏土造粒后，可以用于室内空气净化，对去除甲醛、甲苯和 VOCs 效果显著。周慧堂教授还将其制成冰箱除味剂。

4.1.5 海泡石吸附材料

海泡石不仅具有较大的比表面积，且具有分子筛的特性。因此，工业上常用它作为活性组分 Zn、Cu、Mo、W、Fe、Ca 和 Ni 的载体，用于脱金属、脱沥青、加氢脱硫及加氢裂化等过程，另外，也被直接作一些反应的催化剂，如加氢精制、加氢裂化、环己烯骨架异构化及乙醇脱水等反应。但是，天然海泡石酸性极弱，因此很少直接用来作催化剂，常要对其进行表面改性后才能应用。目前研究得最多的表面改性方法是酸处理和离子交换改性，其次是有机金属配合物改性及矿物改性和热处理改性等。

4.2 空气净化用矿物材料

控制空气中硫污染的方法主要是在燃料燃烧的过程中对烟气的二氧化硫含量进行控制。火电厂、金属冶炼工厂、水泥厂等使用大宗燃料的工厂必须进行烟气脱硫。燃煤还包括燃中脱硫（型煤中加入石灰石粉或者白云石粉）。烟气脱硫用到的主要是石灰、石灰石和白云石。通过氧化钙、碳酸钙和碳酸钙镁与氧化硫反应生成硫酸钙或硫酸镁，达到从烟气中脱除二氧化硫的目的。随着我国环境保护制度的不断完善和铁腕治污政策的执行，近年来烟气脱硫用石灰和石灰石用量增速很快。石灰和石灰石也是我国主要大气污染物从二氧化硫变成氮氧化合物的主要贡献者。

其他具有空气净化功能的材料主要用在室内封闭空间中，其成本比工业废气处理要高，比较适合人居环境的空气净化。大气污染控制与室内空气净化用矿物材料及作用参考表 4-7。

表 4-7　大气污染控制与室内空气净化用矿物材料及作用

环保作用	矿物材料种类
脱硫	石灰石、白云石、高岭土、沸石
去除氨氮	沸石、膨润土、凹凸棒石、海泡石

环保作用	矿物材料种类
去除 VOCs	凹凸棒石、沸石、膨润土、海泡石、累托石等
抑制臭氧	累托石
抗菌除臭	沸石负载抗菌离子，如锌离子、银离子和铜离子

4.3　水处理用矿物材料

水处理工程非常复杂，具体技术需求也多变。目前在水处理领域大规模应用的有石灰和石灰石类中和剂、各类滤料；在特殊种类废水的处理中，会用到硅藻土、膨润土、凹凸棒石、沸石等矿物粉体，作为吸附或离子交换去除污水中COD、重金属离子、染料等污染物的材料。沸石还可以去除水中氟离子，并可以吸附、固化放射性元素，其应用前景十分广阔。

近期，利用内蒙古自治区鄂尔多斯杭锦右旗产出的杭锦 2 号土，在电厂脱硫污水、黄河水处理等方面显示出优越的性能，既可以吸附去除水中 COD 和重金属离子，还可以大幅度降低氟离子浓度，同时可以起到絮凝沉淀胶体颗粒的作用。

杜高翔等研究了利用轻烧氧化镁机械力化学法制备纳米氢氧化镁的方法，并用作磷酸铵镁法处理含氨氮废水的镁源，取得了阶段性成果。

4.3.1　中和剂

在酸性废水中和处理中，常用到石灰、石灰石作为中和剂。如果水中污染物为酸性，则生成副产石膏。根据行业不同，中和产物分为磷石膏、钛石膏、柠檬酸石膏以及湿法脱硫石膏等。石灰作为中和剂具有成本低廉、来源广、反应彻底的优点，但是反应终点不容易控制，且操作环境较差。

水镁石的主要化学成分是氢氧化镁，作为中和酸性废水的中和剂则可以避免石灰的操作环境差和终点不容易控制的缺点。不足之处是资源有限，成本较高。用轻烧氧化镁作为中和剂则可以替代氢氧化镁，前景较为广阔，但需要提高氧化镁浆料的分散性，使氧化镁充分反应。

中和剂是环境工程中常用的药剂，本书不进行详细论述。

4.3.2 滤料

滤料主要分为两大类：一类是用于水处理设备中的进水过滤的粒状材料，通常指石英砂、砾石、无烟煤、鹅卵石、锰砂、磁铁矿滤料、果壳滤料、泡沫滤珠、瓷砂滤料、陶粒、石榴子石滤料、麦饭石滤料、海绵铁滤料、活性氧化铝球、沸石滤料、火山岩滤料、颗粒活性炭、纤维球、纤维束滤料、彗星式纤维滤料等；另一类是物理分离的过滤介质，主要包括过滤布、过滤网、滤芯、滤纸以及最新开发成功的膜。矿物材料主要涉及第一类，包括石英砂、无烟煤、锰砂、磁铁矿、石榴子石和麦饭石，以及少量沸石、火山岩等矿石。

无烟煤滤料具有外观光泽好的特点，呈球状，机械强度高，抗压性能好，化学性能稳定，不含有毒物质，耐磨损，在酸性、中性、碱性溶液中均不溶解，另外无烟煤颗粒表面粗糙，有良好的吸附能力，孔隙率大（>50%），有较高的含污能力，因质轻，所需反冲洗强度较低，可节省大量反冲洗水量及电能。

无烟煤滤料同石英砂滤料配合使用是我国目前推广的双层快速滤池和 3 层滤池、滤罐过滤的最佳材料，是提高滤速、增加单位面积出水量和成倍提高截污能力、降低工程造价和减少占地面积最有效的途径，广泛用于化工、冶金、热电、制药、造纸、印染、食品等生产前后的水质处理过程中。其主要技术指标见表 4-8。

表 4-8　无烟煤滤料主要技术指标

分析项目	测试数据	分析项目	测试数据
含泥量（%）	≤4	固定碳（%）	≥80%
密度（g/cm³）	1.4～1.6	表观密度（g/cm³）	0.947
磨损率（%）	≤1.4	空隙率（%）	47～53
破碎率（%）	≤1.6	盐酸可溶率（%）	≤3.5

水处理设备常用的滤料为石英砂滤料，是天然石英矿经破碎、筛选、水洗而成，多棱形，色纯白，无杂质，密度为 $2.66g/cm^3$，二氧化硅含量为 99.3%，硬度为 7.5。部分地区使用天然河砂、海砂作滤料，虽然造价低廉，但使用期短，机械强度差，易破碎。石英砂比天然河砂和海砂的使用周期延长 3～4 倍，且滤后水质稳定，从经济效益看，石英砂比天然河砂和海砂还是低廉得多。

石英砂滤料不仅是单层过滤的最佳材料，而且和无烟煤滤料作双层过滤最为理想。精制石英砂滤料适用于生活饮用水过滤和其他水质净化处理，更加适用于石油、化工、矿山、冶金、热电、造纸、印染、制革、食品等生产用水的前期处理和循环水处理设备，以及污水的回收利用。

石榴子石滤料由化学性能稳定的天然硅酸盐矿物石榴子石加工而成，其熔点高、密度高、硬度高、耐酸耐磨性强、化学稳定性好，是一种新型耐磨净水材料。

石榴子石强度高，抗摩擦力强，不含游离的二氧化硅，密度高，不含有机质，可用作砂层型过滤材料，顶部是无烟煤，中间是石英砂，底部是石榴子石。用于工业过滤系统和游泳池，起消除污染、净化水质的作用。

由于铁铝石榴子石密度较高，不含有机物和可溶性酸，因此在过滤城市用水中有其优势。从成本、耐用性和有效性上可与硅砂、钛铁矿、磁铁矿等相竞争。

游泳池中单介质过滤器用石榴子石采用 1～2 种不同粒径的石榴子石；石榴子石还可用在多介质的工业过滤系统。所谓多介质，即石榴子石-石英、石榴子石-砂-无烟煤等。控制这些物料的粒度，使其按相对密度靠自然重力分异，形成自下而上由粗变细的若干个水平层。这种介质可除去水中的絮状物。石榴子石滤料的理化性能指标见表 4-9。

表 4-9　石榴子石滤料的理化性能指标

分析项目	测试数据	分析项目	测试数据
体积质量（g/cm³）	3.9	耐酸度（%）	96
密度（g/cm³）	2.5	孔隙率（%）	47
磨损率（%）	0.08	熔点（℃）	1318
硬度	7.8	其他重金属含量均不超标	

作为滤料使用的矿物材料还有硅藻土助滤剂、凹凸棒石黏土助滤剂、石棉助滤剂（主要作为糖、酒、食用油等的助滤剂）、沸石粉（主要作为水处理或者饮用水处理的助滤剂，在吸附部分有性能介绍）。

4.3.3　杭锦 2 号土

杭锦 2 号土是 20 世纪 90 年代末，发现于内蒙古自治区鄂尔多斯市杭锦旗，一种以凹凸棒石、伊利石、绿泥石、长石、方解石为主要矿物组合的、含稀土元素的新型复合性黏土。由于鄂尔多斯市杭锦旗境内已有一种黏土矿物被开发利用，为了和已开发的黏土有所区分，故命名为杭锦 2 号土。目前从事该资源深加工利用的主要是佑景天（北京）国际水环境研究中心有限公司。该公司引进日本独家技术，并与中国科学院生态中心、天津滨海道顺科技发展有限公司等国内高校、研究所、知名企业合作，开发出系列产品。注册商标为"水梦"。

杭锦 2 号土是我国复合型黏土矿物高效综合利用的典范。其矿物组成为凹凸棒石、伊利石、斜绿泥石、方解石、石英、长石和浸染铁，经过深加工后，该矿物可以在废水处理中起到絮凝、吸附重金属和 COD，以及去除氟离子等多重作用，在水处理领域应用前景十分广阔。我国其他地方也发现有类似的成分复杂、多种矿物混合的，以超细、高黏度、高吸水、高吸附性为特点的黏土矿，但综合利用技术还有待开发。

杭锦 2 号土呈棕红色，浸水泥浆呈凝胶状，难以脱水，自然粒度较小，比表面积大，改性后具有很好的吸附性、离子可交换性与脱色性能，在吸附剂载体材料开发方面有良好前景，应用领域十分广泛。

杭锦 2 号土的矿物组成：凹凸棒石（21%～28%）、伊利石（水云母 25%～36%）、斜绿泥石（10%～11%）、方解石（12%～16%）、石英（12%～20%）、长石（10%～15%）和非晶态的氧化铁（Fe_2O_3 是造成样品红色调的主要原因）等。杭锦 2 号土的化学成分见表 4-10。

表 4-10　杭锦 2 号土的主要化学组成

成分	SiO_2	Al_2O_3	CaO	Fe_2O_3	MgO	Na_2O	K_2O	SO_3
质量分数（%）	50.81	19.29	9.94	6.92	4.53	0.84	4.11	0.69

试验研究表明，杭锦 2 号土具有良好的分散性、悬浮性、胶体性、吸附性、离子交换性、润滑性、触变性等物理化学性质及活性。经过酸化处理后，能形成多孔道固体结构，增强吸附性、离子可交换性和脱色等性能。

鉴于此，可以将其应用于农牧业、林业、催化、催化剂载体、离子交换、吸附、土壤修复、水体治理等领域，进一步拓宽杭锦 2 号土的应用范围。

"水梦"无机高效吸附剂产品技术和工艺是由中国工程院刘鸿亮院士牵头，由佑景天（北京）国际水环境研究中心组织中外专家及工程技术人员联合开发的高科技水处理产品，是目前国际上先进的促进生态平衡的环保型絮凝剂。作为一种基于非金属矿物的无机系的中性处理剂，"水梦"无机高效吸附剂可针对泥水、污水、污泥、污染土壤、产业废水进行无害化处理。

该产品的特点：①"水梦"在净化过程中不产生二次污染。②"水梦"处理范围广。无论废液的液态性质是酸性还是碱性，即使不使用中和剂也能将其引导到中性区间（pH 值为 5～9），实现了之前同类工艺 10 倍以上的絮凝处理速度。③可实现重金属类有害物质的无害化。该产品可将废液中的重金属等有害物质有效凝聚，不再释放，确保对环境及生物的安全性。

该产品的主要用途：①重金属离子的吸收、固定分离；②离子交换功能（阳离子、阴离子）；③碱的沉淀、共沉淀、置换；④浮游悬浊物的粒子间电位降低；⑤酸化催化反应；⑥促进凝集反应。该产品处理废水与传统工艺相比的特点见表 4-11。传统絮凝剂与"水梦"无机高效絮凝剂的效果对比见表 4-12。

表 4-11 传统污水处理工艺与"水梦"新工艺的效果对比

阶段	传统污水处理工艺	"水梦"新工艺
前期准备	将高分子溶解	无
处理程序	一级处理：除去固体污染物	一步到位，在处理污染物过程中，同时实现污染物的固化，易于后续处理，不存在二次污染
	二级处理：去除有机污染物	
	三级处理：去除可溶性无机污染物	
处理结果	处理过程较慢，污染物凝聚形态较软，不易于后续处理	处理过程高效快速，凝聚物形态较硬，易于后续处理

表 4-12 传统絮凝剂与"水梦"无机高效絮凝剂的效果对比

PAC、高分子絮凝剂的特点	"水梦"无机高效絮凝剂
容易受到污水成分的影响——出现治理失败的现象	处理范围广泛——除一般处理范围外，对不能使用 PAC 或高分子絮凝剂处理的泥沙、污水也具有良好的处理效果
难以控制——使用时必须经过长时间的溶解才可产生效果，效率较低	易于控制——溶解速度快，处理程序简单、快捷，操作容易
过度使用会增加废水中 COD、BOD 的比率	可有效降低废水中 COD、BOD 含量
处理过的污水水质可能产生安全问题	不存在二次污染的风险
对难以处理的污水处理效果有限	对工业废弃水和高含砂、微生物的水质具有良好的处理效果

在黄河流域地区，近年来水资源的供需矛盾日渐突出，因此国家针对这种情况实施西北"节水、增效"战略行动。其中滴灌技术作为国际先进的节水技术也被纳入。但由于黄河总干渠在 5～9 月平均泥沙含量为 5120×10^{-6}（国际滴灌水质含沙量的标准为 50×10^{-6} 以下），这也就意味着水中 99% 的泥沙需要过滤去除。

佑景天（北京）国际水环境研究中心在利用杭锦 2 号土基础上开发的"水梦"无机高效吸附剂在处理过程中高效、安全、无害、不产生二次污染，研制开发了黄河水滴灌泥沙处理关键技术与设备。

该技术主要分为 3 个部分，分别是不同含沙量黄河水泥沙分离吸附剂、黄河水泥沙分离及滴灌一体化设备、黄河吸附泥沙土壤改良剂。

根据黄河水水沙特性及滴灌水质要求，进行配方调整，优化开发出更加经济高效的黄河水沙分离吸附剂。传统吸附净水工艺为 90～120min，"水梦"黄河水水沙分离专用吸附剂工艺耗时为 10～15min，效率为传统吸附净水工艺的 9 倍左右。

"水梦"一体化设备同常规一体化净水设备相比，在药剂投加器的设计中利用流体微水动力学原理，在投入药剂后，利用微小涡流的高效率凝聚作用，只需要生成微小絮体，凝聚反应就能在 1min 左右完成，整体设备是其他传统设备效率的 4～8 倍。

由于"水梦"黄河水泥沙吸附剂净水工艺和设备的改进，其一体化设备结构高度只有传统结构的 1/6～1/3，工作效率也高于传统方式。在此基础上，将水沙分离装置与滴灌首部系统模块化组合，开发拥有固定式和移动式两种一体化设备，极大地扩展了一体化设备的应用场景。

水沙分离剩余物资源化利用：基于对分离剩余物水力特性和物理特性的分析发现，泥沙颗粒大部分属于粉粒和黏粒（约占 70%），对沙性土壤有良好的改良效果，在吸附剂的作用下形成团粒，可以用于砂性土的改良，提高砂性土的持水保肥能力，同时微生物的存在也可改变劣质土壤的有机质含量。因此利用黄灌区渠道淤积泥沙与"水梦"吸附剂吸附泥沙和由另一高新专利——低温碳化技术生产的秸秆生物炭复配开发了盐碱地专用土壤改良剂，进行黄河淤积泥沙资源化利用，达到盐碱地改良的目的。

杭锦 2 号土还可以在絮凝的同时去除污水中的大部分氟离子。

利用杭锦 2 号土生产的多元复混肥，使油菜增收 15%～30%。

4.3.4　去除氨氮的矿物材料

除了通常的吸附去除氨氮的矿物材料外，杜高翔等开发了利用氧化镁制备纳米氢氧化镁浆料，并与磷酸一起处理氨氮废水，对于中等浓度氨氮废水的预处理，得到了很好的处理效果。

该技术以轻烧氧化镁为原料，在水介质体系中通过机械力化学法促进氧化镁和水反应，并控制新生成的纳米氢氧化镁的生长，得到分散性好的纳米级片状氢氧化镁浆料。颗粒形貌见图 4-1。

由图 4-1 可知，所得纳米氢氧化镁颗粒呈片状，厚度为 10～20nm，团聚体颗粒在 3μm 左右。利用纳米级氢氧化镁处理 200mg/L 浓度的氨氮废水，目前最优反应参数为 n（P）/n（N）为 0.8、混合时间为 20min，n（Mg）/n（N）为 2.0、搅拌时间为 18min、搅拌速率为 400r/min 时，剩余氨氮极限浓度为 60mg/L。

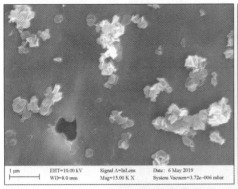

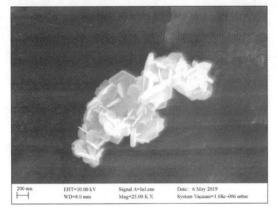

图 4-1　纳米氢氧化镁浆料颗粒形貌

　　该技术的优点在于，处理污水的过程中不带入二次污染，且生成的磷酸铵镁可以作为化肥使用。

　　工程水处理用矿物材料的基本情况可以参考表 4-13。

表 4-13　工程水处理用矿物材料及其作用

环保作用	矿物材料种类
调节 pH 值	石灰石、石灰、水镁石、白云石、氧化镁
絮凝	杭锦 2 号土
去除氨氮	沸石、凹凸棒石、高岭土、氧化镁
去除有机物	膨润土、沸石、凹凸棒石、硅藻土、海泡石、累托石、高岭土、杭锦 2 号土
去除重金属离子	石灰石、沸石、硅藻土、海泡石、高岭土、磷灰石、凹凸棒石、杭锦 2 号土
固化放射性物质	沸石、膨润土、高岭土
去除磷	高岭土、沸石、凹凸棒石、硅藻土、高岭土
滤料（去除颗粒物）	沸石、硅藻土、石英、石灰石、石棉、石榴子石、凹凸棒石、海泡石
去除氟	沸石、硅藻土、铝土矿、杭锦 2 号土

4.4　固废处理与土壤污染治理用矿物材料

固废处理方面，从废弃物的堆放场地处置、矿山尾矿库闭库，到资源化利用技术，都用到很多非金属矿物材料。其中作用最大的是防渗材料，它有效地将有害固体废弃物与场地原有地质结构、地下水和土壤隔离开，阻止了有毒有害固体废弃物对周边环境的危害和污染。防渗材料主要用到膨润土，制成各类防水毯或者防水材料。近期的研究表明，如果加入部分凹凸棒石黏土，可以提高防渗材料的耐盐性。

固废处理还用到各种吸附材料，用来吸附渗滤液中的有毒有害成分。有时候也要用到石灰、凹凸棒、膨润土、硅藻土等把重金属固化或者钝化，减少固废中重金属离子向作物中迁移。

土壤改良方面，保水剂的用量最大。在我国西北部地区干旱地带，保水材料对治理沙漠化具有重要的意义。同时，以石英砂为主要成分的硅肥、经处理过的钾长石、云母、粉煤灰制成的缓释类钾肥，以及由多孔矿物材料负载各类有机无机肥分的复合肥在未来的新农业经济中必将发挥重要的作用。

4.4.1　防渗材料

美国、韩国、德国等国所称的膨润土防水毯（GCL），在中国被称为纳米膨润土防水毯。这种材料广泛用于地铁、隧道、人工湖、地下室、地下停车场、水处理池、垃圾填埋场等的防水。

这种膨润土防水毯的主要特征：①施工简便。只要用钉子和垫圈就可以将防水材料固定在外墙壁，是现有防水材料中工期最短的。②能保持永久的防水性能。即使经过很长时间和周围环境发生了变化，也不会发生老化和腐蚀，能永久保持其防水性能。③防水材料和防水对象（混凝土结构）的一体化。因针压而在织布表面凸出的纤维，在浇筑混凝土时和混凝土形成一体，即使结构发生震动和沉降，防水材料和结构物质间也不会发生分离现象。④容易维修。即使在施工后发生缺陷，因为水无法在结构物和防水材料之间发生流动，所以只要将漏水部位进行补修就能重新恢复其防水性能。即使在施工过程中防水材料发生了破损，只要简单地追加施工就可以了，因此防水补强比较容易。⑤在施工完以后对防水材料的检查和确认比较容易。在施工不足的部位，防水产品的损伤能够马上辨认出来，因此可以方便地鉴定出防水施工中发生的失误。⑥对人体无害的绿色产品。采用的是对人体无害的无毒天然无机材料，所以对环境没有有害影响。

天然钠化膨润土防渗衬垫以天然钠化膨润土为主要原料，双面覆盖土工布（膜）或塑料板，经针刺缝织或粘结的防渗衬垫，主要用于地铁、隧道、人工湖、火电厂、垃圾填埋场、机场、水利、路桥、建筑等领域的防水、防渗工程。防渗衬垫使用的聚乙烯土工膜应符合现行 GB/T 17643 的规定；使用的塑料扁丝编织土工布应符合现行 GB/T 17690 的规定，其单位面积质量不应小于 $100g/m^2$；使用的非织造土工布应符合现行 GB/T 17639 的规定，其单位面积质量不应小于 $200g/m^2$。防渗衬垫使用的天然钠化膨润土原料应符合表 4-14 要求。

表 4-14 天然钠化膨润土原料性能要求

项 目		技术指标
0.2～2.0mm 颗粒含量（%）	≥	80
膨胀指数（mL/2g）	≥	18
膨胀指数变化率（%）	≥	80
滤失量（mL）	≤	18
耐久性（mL/2g）	≥	20

防渗衬垫产品的物理力学性能应符合表 4-15 的规定。

表 4-15 防渗衬垫产品的物理力学性能指标

序号	项目		技术指标			
			GCL-ZN	GCL-FN	GCL-JNL	GCL-PCL
1	单位面积膨润土质量（g/m²）		不小于规定值			
2	拉伸强度（N/100mm）	≥	600	700	600	600
3	最大负荷下伸长率（%）	≥	10		8	
4	剥离强度（N/100mm）	非织造布与编织布	40	40	—	—
		高密度聚乙烯土工膜与非织造布	—	30	—	—
5	渗透系数（m/s）	≤	5.0×10^{-11}	5.0×10^{-12}	1.0×10^{-12}	5.0×10^{-11}
6	耐静水压		0.4MPa，1h，无渗漏	0.6MPa，1h，无渗漏	0.6MPa，1h，无渗漏	0.4MPa，1h，无渗漏
7	穿刺强度（N）	≥	445	635	220	—
8	常温柔性		—	—	—	弯折3次无裂纹

4.4.2 保水材料

我国西部地域辽阔，自然资源丰富。但是由于水资源的缺乏和长期过伐、过垦、过牧、过采等人为活动，西部水土流失、沙漠化、盐渍化等土地退化严重；水生态失调，水资源贫乏，干旱、沙尘暴等自然灾害发生日趋频繁，已成为西部经济和社会可持续发展的重要制约因素。因此，围绕水资源的合理利用，发展节水农业和恢复西部生态环境是实施国家西部大开发战略的重要前提。西部年降水量平均不足 400mm，地势起伏大、沙漠化、盐碱化严重。因此，针对西部的特点，开发系列低成本、耐盐碱、多功能的吸水保水材料是当前发展高效农业和治理西部生态环境的关键所在。

在聚（丙烯酸-co-丙烯酰胺）/腐殖酸体系中引入凹凸棒石黏土，得到了系列性能优异的复合保水剂。当凹凸棒石黏土含量为 20%，腐殖酸含量为 10% 时，树脂在蒸馏水中吸水倍率高达 996g/g；经过反复吸水-失水 5 次后，腐殖酸和凹凸棒石黏土含量分别为 10% 和 10% 的复合保水剂的吸水倍率仍高达 500g/g 以上。含 40% 腐殖酸的复合保水剂约需 60d 达到释放平衡。

产品规格及质量指标：①形态为白色、褐色颗粒状，不同颜色；②活性物含量：颗粒状产品，质量分数≥90%；③颗粒直径为 0.15～1.0mm 或按用户要求；④吸水倍率对盐水大于 40 倍，对纯净水大于 300 倍。

工艺过程如下：无机矿物质经热活化和酸化等工序处理后，与丙烯酸或丙烯酰胺、一级脱盐水配制到预定浓度，并搅拌混合均匀，将混合溶液调至设定温度和 pH 值，输送至聚合釜内，通纯氮除氧，加引发剂，加热保温，进行聚合反应，整个过程约 5h。反应完成后用空气压出造粒、干燥、研磨、筛分和包装。

交联聚丙烯酸和共聚保水剂的扫描电镜照片见图 4-2。

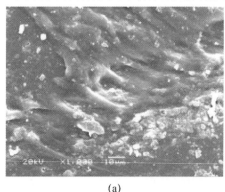 

(a)   (b)

图 4-2　交联聚丙烯酸和共聚保水剂的扫描电镜照片

（a）交联聚丙烯酸；（b）共聚保水剂

该保水剂在 5 万亩不同作物的农田推广示范试验中，增产效果显著，增产幅度在 10%～30%，对胡麻增产甚至高达 53.7%。

在固废处理和土壤改良方面，用到的矿物材料还有很多。由于多数产品尚未标准化，部分还没有产业化，只列表介绍，见表 4-16。

表 4-16　土壤及固废处理用矿物材料及其作用

环保作用	矿物材料种类
调节 pH 值	石灰石、石灰、白云石、水镁石
固化重金属离子	凹凸棒石、硅藻土、海泡石、磷灰石、高岭土
土壤改良	膨润土、沸石、海泡石、凹凸棒石
防渗衬层	膨润土、凹凸棒石、高岭土
缓释肥	石英砂、钾长石、云母、伊利石、花岗岩、粉煤灰、各类黏土矿物

4.5　健康矿物材料

4.5.1　矿物负载型光催化材料

半导体多相光催化作为一项新的污染治理技术在处理水中有机污染物方面已显示出很大的应用潜力。纳米 TiO_2 廉价、无毒、光活性强，在该领域广泛被用作光催化剂。但是，将纳米 TiO_2 分散到水体中会产生催化剂难以回收再利用等问题，从而影响到它的实际应用。因此，许多学者采用不同的方法将 TiO_2 负载于不同的载体上制成负载型光催化剂，取得了明显的效果。硅藻土是一种重要的非金属矿物材料。它独特的硅藻壳体结构、强吸附性、大比表面积、高孔隙率、耐高温等优良性质决定了它是一种得天独厚的载体材料。对硅藻土进行表面改性，可使其作为载体材料的应用范围更加广泛。郑水林教授团队等以吉林省临江市硅藻土为原料，对其进行提纯处理后在硅藻颗粒表面沉淀包覆纳米 TiO_2，制备了硅藻土负载 TiO_2 复合光催化材料。硅藻精土、硅藻精土负载 TiO_2 复合材料的 SEM 图见图 4-3。

研究者们除了利用硅藻土为纳米二氧化钛的载体外，还利用蒙脱石、膨胀蛭石、石墨烯、沸石、凹凸棒石、海泡石等矿物作为载体，制得了各类复合光催化材料。但到目前为止，只有郑水林教授的纳米二氧化钛负载在精制硅藻土上的复合材料技术实现了产业化生产，并在硅藻泥、涂料、百叶窗等基体材料中成功应用。

(a)   (b)

图 4-3 硅藻精土、硅藻精土负载 TiO₂复合材料的 SEM 图

(a) 硅藻精土；(b) 硅藻精土负载 TiO₂复合材料

杜高翔等研究了二氧化硅负载纳米二氧化钛，并进行掺杂制备可见光相应的复合纳米光催化材料的技术，并在北京依依星科技有限公司的生产基地——山西依依星科技有限公司实现了量产。"潞洁"牌纳米光催化剂是室内、车内去除有机污染物的纳米光催化剂。它采用先进的纳米复合材料制备技术和掺杂技术制备而成，具有在太阳光下高效去除室内、车内空气中甲醛、甲苯、氨等污染物的性能，是保障室内、车内空气质量，防范室内空气污染对人体健康危害的高性能产品。该技术已经获得多项国家发明专利。

该产品经中国建筑材料科学研究总院测试中心检测证明，在可见光下甲醛降解率大于 80%，持续降解率大于 65%，甲苯降解率大于 50%，持续降解率大于 35%，是室内、车内净化有机物污染的首选材料。

本产品可在汽车内饰材料使用，一般用于织物座椅或真皮座椅的后整理工序。车内空气中的污染主要来源于：①新车配件和材料及车内装饰材料释放甲醛、苯、TVOC 等；②汽车发动机产生的一氧化碳、汽油气味。有害物质弥漫在车内狭小的空间，导致车内空气质量下降。本产品在汽车织物座椅中使用，可有效清除车内的各种甲醛、苯、TVOC 等污染物，并因其具有持续降解污染物的能力，加快污染物的释放和清除速度，有效、大幅度地提高车内空气质量。产品的部分特性见图 4-4～图 4-6。

由图 4-4 可知，"潞洁"牌光催化剂的孔径分布集中在 2～8nm，比表面积为 150m²/g，因此，该产品既可以吸附有机污染物，又可以在颗粒表面进行光催化降解。由图 4-5 可知，"潞洁"牌光催化剂的原级颗粒在 30～50nm，存在一定的二次团聚。但正是这些团聚，使粉体具有吸附有机物的功能。由图 4-6 可知，产品的吸收边在 420nm 左右，可以吸收太阳光中紫外线和 380～420nm 波长范围的可见光。

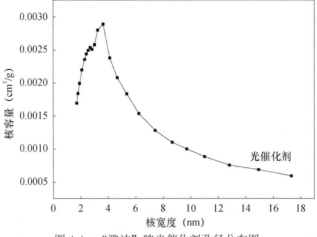

图 4-4　"潞洁"牌光催化剂孔径分布图

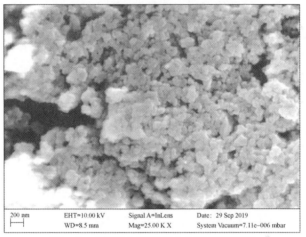

图 4-5　"潞洁"牌光催化剂微观形貌图

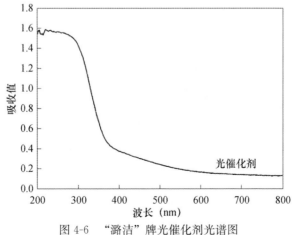

图 4-6　"潞洁"牌光催化剂光谱图

目前，该产品已经广泛应用于家庭装修和汽车车内除味市场。使用方法：①工厂使用时，将产品按照比例混入原料中一起成型即可，或者按照工厂自己的工艺使用。②私人家庭装修时，打开产品包装，与第二遍内墙面漆混合搅拌均匀（按照色浆添加方法搅匀即可），正常施工即可。使用剂量：①工厂使用时，建议使用量为 $10g/m^2$ 产品，如果材料厚度较大，则相应适当增加用量。②个人装修时，在刷墙的第二遍面漆中添加，用量为 600mL 浆/5L 面漆。

4.5.2 矿物基抗菌材料

对环境微生物的控制很早即引起社会及有关行业的关注。在控制环境微生物的常见措施中，空气过滤净化、紫外线照射、臭氧灭菌和使用有机类抗菌剂灭菌尽管产生过积极效应，却存在持效性差、成本高、有不适气味等不足。无机抗菌剂因持效性长、安全性好、使用卫生等优点，形成最具前景的控制环境微生物的方法与措施。按抗菌组分种类和材料结构特征，目前无机抗菌剂产品主要有光催化型抗菌剂和金属离子载带型抗菌剂两大类。

纳米组装无机抗菌剂是以具有纳米尺度结构孔和孔隙的天然材料为载体，以具有抗菌作用的金属离子（或簇团）为组装单元，通过载体的离子交换性，在纳米尺度上组装制备而成。纳米组装无机抗菌剂可与建筑涂料、造纸、木地板、壁纸、塑料、油墨、陶瓷和纺织等制品的制造工艺复合以形成相应的抗菌制品。所制得抗菌制品即成为环保、健康型"绿色"产品，不仅自身释放的污染物被降低或消除，而且能够消除室内环境中因其他因素存在的微生物和有害气体等污染物。由此使传统材料和制品的功能被拓展、应用价值提高。

纳米组装无机抗菌剂产品通过针对性的加工调控，可与其复合的制品形成良好的相容作用，在赋予制品抗菌和空气净化功能的同时，保持制品原有物理性能和外观形态不变，并改善其加工性。该产品可用于化纤、陶瓷、造纸、涂料、木地板、塑料和橡胶等加工过程以制备抗菌制品。通过抗菌制品的使用及时杀灭各种有害微生物，消除公共物品的致病感染，保障人类健康。产品质量指标：①抗菌组分含量为 8.1%；②抗菌性方面，最小抑菌浓度（MIC，对大肠杆菌、金黄色葡萄球菌、绿脓杆菌等）小于 $800\mu g/mL$，添加量为 $500\mu g/mL$，抗菌率为 100%；③粒度方面，$d_{50}<1\mu m$，$d_{90}<2\mu m$，$d_{100}<10\mu m$。

以该材料分成小包装，则可以制得抗菌型冰箱除味剂。该产品已被广泛应用。

4.5.3 矿物负离子材料

电气石是一种以含硼为特征的铝、钠、锂环状结构硅酸盐矿物，电气石具有压电性和热释电效应，在温度、压力变化时，能引起电气石晶体的电势差，使周围的空气产生负氧离子。发生的负氧离子在空气中可降解甲醛、TVOCs 等有害物质，从而起到净化空气的作用，更加有助于人类的健康。电气石因其特殊的结构具有多种矿物功能材料的性能。如自发极化性、压电性、热释电性、远红外辐射、释放负离子，而在工业、环保、保健等领域被广泛利用。

研究者对电气石的研究主要集中在负氧离子释放量的优化和各类型材的制备方面。浙江纳巍负离子科技有限公司针对电气石的产品化应用，结合富勒烯等其他具有释放负离子性能的材料，并配以各类黏土矿物等辅料，在各个应用领域的原生产工艺基础上加以创新开发，在保健产品方面开发了电气石系列产品，取得多个发明专利并形成产业化生产和销售，成为国内负离子材料产品化的领头羊公司。该公司注册商标为"纳维"。其主要产品如下：

1. 电气石喷剂

电气石喷剂用于保健系列，喷在内衣上和袜子上，可除臭、除脚气、除狐臭等，还能提升人体性功能，喷洒在窗帘上、布沙发上、墙壁上，可降解甲醛等有害 TVOCs。

（1）电气石除脚气喷剂

选用天然纤维袜类，体系拉伸后，将加有聚氨酯、丙烯酸酯类纺织等胶粘剂的纳米电气石喷剂喷入纤维丝簇里锁定，可洗刷次数＞100 次（掉粉率 30％），可用半年时间，可坚持到冬夏袜子换季，可保证抑制脚气复发。也可加适量脚气水混合喷洒在鞋子内，以抑制脚气。

（2）碧玺除狐臭喷剂

市场所销售治狐臭液与纳米碧玺混合组成碧玺狐臭喷剂，也可加适量聚氨酯、丙烯酸酯类纺织等黏合剂，在内衣接触部位适量喷洒，晾干后即可穿着，可洗刷次数＞100 次（掉粉率 30％），可用半年时间，保证抑制狐臭气味。

（3）碧玺除体味喷剂

选择适当护肤精油溶剂与纳米碧玺混合组成电气石除体味喷剂，也可加入少量聚氨酯等胶粘剂，在内衣接触关键部位适量喷洒，晾干后即可穿着，可洗刷次数＞100 次（掉粉率 30％），可用半年时间，保证抑制体下气味。

（4）碧玺保健喷剂

选择针对人体某些部位（如颈椎、腰椎、膝盖等部位）有效果的中成药剂，与高质量碧玺混合组成电气石保健喷剂，也可加适量聚氨酯、丙烯酸酯类纺织等黏合剂，在内衣接触关键部位适量喷洒，晾干后即可穿着，可洗刷次数＞100 次（掉粉率 30%），可用半年时间，起到清淤活络作用。

（5）碧玺纺织品除甲醛喷剂

选择适当可中和甲醛溶剂与改性纳米碧玺混合组成除甲醛喷剂，可加适量聚氨酯、丙烯酸酯类纺织等黏合剂，在布沙发或布窗帘上适量喷洒，可高效降解甲醛。

（6）碧玺车用除有害气体喷剂

车内空气污染指汽车内部由于不通风、车体装修等原因造成的空气质量差的情况。车内空气污染源主要来自车体本身、装饰用材等，其中甲醛、二甲苯、苯等有毒物质污染后果最为严重。

选择适当可中和甲醛、二甲苯、苯的溶剂与改性纳米碧玺混合组成除甲醛喷剂，如果车内是布装饰，可加适量聚氨酯、丙烯酸酯类纺织等黏合剂，在车内适量喷洒，可高效降解有害气体。如果车内是皮革装饰，可加适量皮革用黏合剂即可喷用。

（7）墙体用碧玺除甲醛喷剂

采用浅色纳米碧玺或单色纳米碧玺，加适量丙烯酸类涂料用乳液制备成喷剂（不掉粉），对墙体适量喷洒即可。

（8）木质家具用碧玺除甲醛喷剂

木质家具油漆均含有一定的有害气体，用胶粘剂制成的中纤板尤其严重。采用浅色纳米碧玺或单色纳米碧玺，针对不同油漆，如 PE（不饱和聚酯树脂漆）、PU（聚氨酯漆）、NC（硝基漆）、UV（紫外线光固化漆）等，喷剂中也加相关稀释漆液制备成喷剂（不掉粉），对家具仔细喷洒即可。

2. 功能陶粒＋医美水＋结露雾化产品

利用硅藻土、凹凸棒石、电气石粉为主要原料烧制成电气石陶粒，具有吸附和释放负氧离子双重功效。然后利用陶粒的释放负氧离子的性能做成雾化类产品。如图 4-7 所示，本类产品由三部分组成：底部是电气石陶粒；中部是活化水和结露；上部是超声波雾化器。

本系列产品有消除疲劳、保护皮肤等多种类型，而且可与空气中有害物质作用生成无害物质。

图 4-7　雾化产品示意图

3. 精细化工日用品类

利用电气石制成面膜、洗浴液、洗发液、足浴液、电气石肥皂等系列产品。

（1）电气石面膜

选用市场上通用的面膜，与适量改性纳米电气石混合均匀形成电气石面膜。电气石的热释电性能可对面部黄褐斑活化除去，对汗囊清淤等。

（2）电气石洗浴液

选用市场上通用的沐浴液，与适量改性纳米电气石混合均匀形成电气石沐浴液。降低排放，减少环境污染。

（3）电气石洗发液

选用市场上通用的洗发液，与适量改性纳米电气石混合均匀形成电气石洗发液。电气石的热释电性能可抑制脱发程度，对发根进行按摩和促进囊发生长等。

（4）电气石足浴液

选用市场上通用的足浴液或足浴药，与适量改性纳米电气石混合均匀，形成电气石足浴液或药。电气石的热释电性能可对足底按摩有奇效，可刺激足底穴位，疏通活络，根治脚气等。

（5）电气石肥皂

选用市场上的中性肥皂或香皂，与适量改性纳米电气石混合均匀形成电气石肥皂。电气石的热释电性能对身体上的异物有清洗效果，尤其是儿童肥皂可降低其他同类肥皂对儿童皮肤的伤害等。

4. 涂料系列

将精制电气石粉加入各类涂料中，分别制成电气石水性涂料、电气石硅藻泥沸石吸附降解 VOC 一体化腻子涂料和水性涂料、电气石蛋壳活化中和 VOC 涂料、电气石贝壳活化中和 VOC 涂料等产品。

4.5.4 陶瓷用复合乳浊剂

在传统陶瓷制品生产中，硅酸锆及锆英粉是一种重要的原材料，主要用于陶瓷釉料、坯料及色料，起乳浊、增白和调色等作用，它还是镨锆黄、钒锆蓝等陶瓷色料中的主晶相（稳定相）。由于硅酸锆和锆英石粉经常含有放射性元素，所生产的陶瓷的放射性经常超标。为了解决这一问题，中国地质大学（北京）丁浩教授研究了一种新型的复合乳浊剂。目前，陶瓷用复合乳浊剂作为新型乳浊剂在卫生陶瓷和建筑陶瓷生产中的应用已取得很好效果。

产品的技术原理：①乳浊机理。陶瓷用复合乳浊剂为析晶乳浊机理。添加该产品的釉料经窑炉高温焙烧，该产品中的组分结合釉料其他组分反应生成具有高折射率（δ 约为 2，与硅酸锆相当）的新物相，并从玻璃相中以微细粒子形态析出，由此形成高效乳浊效果，并保持釉面光洁、细腻。②釉面增白机理。陶瓷用复合乳浊剂中各物相组分间已形成牢固的界面结合，这一作用对高温下反应生成具有高折射率和浅色调物质起到诱导作用，对生成黄色调物相起强烈的抑制作用。因此，添加该产品的釉面具有高白度和高遮盖力等特性。③色泽均匀、细腻釉面原理。陶瓷用复合乳浊剂为超微细颗粒粉体（晶粒为 500~700nm），高温下其组分熔融、反应和析出过程完整，析出颗粒仍为亚微米尺度，所以形成的釉面细腻、光亮。该产品为各组分通过界面结合形成的复合颗粒，各组分间分布均匀，所以高温下生成的反应物也分布均匀，这保证了釉面的色泽均匀。

复合乳浊剂的产品性能：①主要元素组成包括 SiO_2、CaO、MgO 和 TiO_2 等，不含重金属和有毒物质。②常温物理性能。外观为白色粉末，密度为 $3.4g/cm^3$，白度（蓝光）大于 95%。粒度：d_{50} 为 0.6~0.8μm；d_{90} 为 1.5~1.8μm；d_{100} 小于 8μm。小于 2μm 含量大于 95%。稳定性：不溶于水、酸、碱溶液和有机试剂，具热稳定性。③含该产品的卫生陶瓷釉料性能。陶瓷用复合乳浊剂用量（占釉料干粉）：卫生陶瓷 8%~10%，建筑陶瓷 5%~15%。釉浆粒度：d_{50} 为 3.9μm；d_{90} 为 12.6μm；d_{100} 为 30μm。④含该产品的卫生陶瓷釉面性能。实验室试验样片：$L^* = 89.5$，$a^* = 1.3$，$b^* = 4.6$。工厂窑炉成品件：$L^* = 90.2$，$a^* = -0.83$，$b^* = 2.64$。添加硅酸锆釉面：$L^* = 87.9$，$a^* = 0.06$，$b^* = 2.98$。

目前，利用该技术生产的卫生陶瓷已经投放市场，并受到消费者的青睐。

4.5.5　其他健康矿物材料

除了前述主要用于健康类的矿物材料外，研究者还开发了大量用于百姓日常起居的产品。如具有去除烟渍和牙结石功能的硅藻牙膏，去除农药残留的硅藻粉，替代五洁粉的硅藻粉，抑制体味的硅藻香皂，去油清爽的凹凸棒石黏土洗发水，具有吸附污染物和调节室内空气湿度功能的硅藻泥和硅藻板，以及利用各类多孔矿物制备的具有净化室内空气功能和净化饮用水功能的吸附材料。这些材料在以人民日益增长的美好生活的需求同发展不平衡不充分之间的矛盾为主要矛盾的今天，将发挥越来越重要的作用。

参考文献

[1] 郑水林. 非金属矿加工与应用 [M]. 北京: 化学工业出版社, 2003.

[2] 郑水林, 孙志明. 非金属矿物材料 [M]. 北京: 化学工业出版社, 2016.

[3] 郑水林, 孙志明. 纳米 TiO_2/硅藻土复合环保功能材料 [M]. 北京: 科学出版社, 2018.

[4] 杜高翔, 张泽明, 梅乐夫. 阻燃矿物材料加工与应用 [M]. 北京: 化学工业出版社, 2015.

[5] 丁浩, 邓雁希, 杜高翔. 建筑装饰材料及其环境影响 [M]. 北京: 化学工业出版社, 2014.

[6] RANFANG ZUO, GAOXIANG DU, WEIWEI ZHANG, et al. Photocatalytic degradation of methylene blue using TiO_2 impregnated diatomite [J]. Advances in Materials Science and Engineering, 2014 (13): 255-262.

[7] GAOXIANG DU, QIANG XUE, HAO DING, et al. Mechanochemical effect of brucite powder in a wet ultrafine grinding process [J]. Indian Journal of Engineering and Materials Sciences. 2013, 20 (1): 7-13.

[8] DU G, LI Z, LIAO L, et al. Cr (Ⅵ) retention and transport through Fe (Ⅲ) -coated natural zeolite [J]. Journal of Hazardous Materials, 2012, 221-222, 118-123.

[9] 周桂萍, 叶春松. 火电厂二氧化硫排放量实验研究 [J]. 热力发电, 2003 (5): 56-71.

[10] 王小平, 蒙照杰. 燃煤电厂湿法脱硫中的腐蚀环境和防腐技术 [J]. 中国电力, 2000, 33 (10): 68-71.

[11] 鲁景, 李多松. 粉煤灰在重金属废水处理中的应用 [J]. 资源开发与市场, 2007, 23 (2): 166-167.

[12] 唐受印, 戴友芝. 水处理工程师手册 [M]. 北京: 化学工业出版社, 2000.

[13] 李喜, 李俊. 烟气脱硫技术研究进展 [J]. 化学工业与工程, 2006, 23 (4): 351-354.

[14] 赛俊骖, 吴少华, 汪洪涛. 中国烟气脱硫技术现状及国产化问题 [J]. 电站系统工程, 2003, 19 (1): 53-54.

[15] 郝吉明, 王书肖, 陆永琪. 燃煤二氧化硫污染控制技术手册 [M]. 北京: 化学工业出版社, 2001.

[16] 江得厚, 杨汝周, 孙志宽. 选择电站锅炉脱硫技术方案的可行性探讨与研究 [J]. 中国电力, 2000, 33 (6): 78-81.

[17] 彭杨伟, 孙燕. 国内外膨润土的资源特点及市场现状 [J]. 金属矿山, 2012 (4): 95-99.

［18］张巍．膨润土吸附水中有机污染物的应用进展［J］．化工环保，2018（3）：267-274．

［19］陈岚．膨润土消费市场与国际贸易［J］．中国非金属矿工业导刊，2018（3）：8-10．

［20］赵雪，孙轶男．膨润土在废水处理中的应用研究进展［J］．资源节约与环保，2017（5）：1-2．

［21］周婷婷，张晓丹，刘克爽．我国膨润土资源的利用与研究进展［J］．矿产保护与利用，2017（3）：106-111．

［22］信雅楠．有机膨润土在有机污水处理领域中的研究与展望［J］．化工管理，2017（22）：12．

［23］孟波，林辉，郭巧霞，等．复合改性膨润土的制备及吸附苯胺的特性［J］．工业催化，2018（5）：97-109．

［24］刘书贤，王伟，白春，等．膨润土吸附剂制备工艺及吸附性影响因素研究［J］．非金属矿，2017（5）：86-89．

［25］邹成龙，梁吉艳，姜伟，等．膨润土吸附处理污染物的再生研究进展［J］．硅酸盐通报，2017（9）：3020-3023．

［26］T S ANIRUDHAN，M RAMACHANDRAN. Adsorptive removal of basic dyes from aqueous solutions by surfactant modified bentonite clay（organoclay）：Kinetic and competitive adsorption isotherm［J］．Process Safety and Environmental Protection．2015（95）：215-225．

［27］TAN W S，TING A S Y. Alginate-immobilized bentonite clay：Adsorption efficacy and reusability for Cu（Ⅱ）removal from aqueous solution［J］．Bioresource Technology，2014（160）：115-118．

［28］吴朝阳，夏朝辉．沸石在水处理中的应用及其未来展望［J］．西部皮革，2017（9）：143．

［29］郑建，张剑．改性沸石在水处理中的研究和应用进展［J］．水资源与水工程学报，2011（1）：167-170．

［30］许育新，喻曼，陈喜靖．天然沸石对水中氨氮吸附特性的研究［J］．农业资源与环境学报，2015（3）：250-256．

［31］朱友利，施永生，张艳奇．沸石工艺在工业废水处理中的应用［J］．净水技术，2010（6）：13-16．

［32］祁娜，孙向阳，张婷婷，等．沸石在土壤改良及污染治理中的应用研究进展［J］．贵州农业科学，2011（11）：141-143．

［33］方祥洪，马若霞，任力，等．放射性废水沸石处理技术研究进展［J］．广州化工，2014（18）：14-15．

［34］魏威，余江，王亚婷，等．SRB-沸石联合技术对土壤铅的固定效果［J］．深圳大学学报（理工版），2018（6）：51-56．

［35］SHAOBIN WANG，YUELIAN PENG. Natural zeolites as effective adsorbents in water and wastewater treatment［J］. Chemical Engineering Journal，2009（1）：11-24.

［36］赵丹，高郁杰，丁辉．凹凸棒去除水环境中典型污染物的研究进展［J］．水处理技术，2016（5）：32-37.

［37］王坤坤，王永强，刘芳．凹凸棒石在环境保护中的应用［J］．化工新型材料，2016（5）：224-226.

［38］罗平，邹建国，刘燕燕．凹凸棒土在环境保护中的应用进展［J］．江西科学，2010，28（4）：466-469.

［39］陶玲，任珺，白天宇．凹凸棒黏土的产品开发与利用［J］．资源开发与市场，2012，28（5）：416，419.

［40］周济元，崔炳芳．国外凹凸棒石黏土的若干情况［J］．资源调查与环境，2004，25（4）：248-259.

［41］詹庚申，郑茂松．美国凹凸棒石黏土开发应用浅议［J］．非金属矿，2005（02）：38-41.

［42］张印民，刘钦甫，刘威．我国凹凸棒石黏土应用研究现状［J］．中国非金属矿工业导刊，2010（03）：20-22.

［43］姜玉芝，贾嵩阳．硅藻土的国内外开发应用现状及进展［J］．有色矿冶（5）：31-37.

［44］邱志浩，刘波涛．硅藻土对土壤重金属污染修复效果研究［J］．环境与发展，2018（5）.

［45］周海妙，解庆林，陈南春．硅藻土在城市污水和工业废水处理中的应用［J］．安全与环境工程，2013（02）：81-85.

［46］关峰，张亮．硅藻土在环境工程领域的应用进展［J］．中国环境管理干部学院学报，2017（5）.

［47］肖力光，庞博．硅藻土在室内功能建材中的研究与发展［J］．吉林建筑大学学报，2017（01）：38-42.

［48］黄晓薇，杨雄，王平，等．应用硅藻土处理废水研究概述［J］．中国农学通报（17）：85-90.

［49］张世洋，张艳松．中国硅藻土市场现状及未来应用前景分析［J］．中国矿业，2015（S1）：14-18.

［50］郑水林，孙志明，胡志波．中国硅藻土资源及加工利用现状与发展趋势［J］．地学前缘，2014，021（005）：274-280.

［51］张致伟，郑立国．吉林长白地区硅藻土矿床特征及找矿方向［J］．西部探矿工程，2017（2）.

［52］裴俊绅，陈勇，谷科成．TiO₂/硅藻土复合光催化材料研究进展［J］．材料开发与应用，2018，33（02）：111-121.

［53］白云峰，孟欣，秦杰．我国硅藻土产业发展前景及对策建议［J］．居业，2018，128（09）：8-9.

［54］李忠水，刘小楼，吴彦岭．我国硅藻土矿新应用及资源保障对策［J］．中国非金属矿工业导刊，2013（5）：1-3.

［55］张钊陶．硅藻土产业可持续发展评价研究［D］．长春：长春大学，2017.

［56］KUNWADEE RANGSRIWATANANON，APHIRUK CHAISENA，CHUTIMA THONGKASAM. Thermal and acid treatment on natural raw diatomite influencing in synthesis of sodium zeolites［J］．Journal of Porous Materials，15（5）：499-505.

［57］李丽，刘平，白光．海泡石改良土壤效果研究［J］．水土保持学报，2012（02）：277-280，285.

［58］王长远，王功勋，陶涛．海泡石功能化绿色建材研究进展与应用现状［J］．硅酸盐通报，2017（10）：3285-3291.

［59］张巍．海泡石及改性海泡石在水污染治理中的研究与应用进展［J］．有色金属科学与工程，2018，9（05）：76-87.

［60］张巍．海泡石吸附混合污染物和气态污染物的研究进展［J］．中国矿业，2019，28（02）：129-135.

［61］鲁旖，仇丹，章凯丽．海泡石吸附剂的应用研究进展［J］．宁波工程学院学报，2016，28（1）：17-22.

［62］杨瑞士，李文光．我国海泡石矿床成矿条件及成因类型初探［J］．化工矿产地质，2001（01）：26-31.

［63］梁凯．海泡石的矿物学研究与其在环境治理中的应用［D］．长沙：中南大学，2008.

［64］谢婧如，陈本寿，张进忠．巯基改性海泡石吸附水中的 Hg（Ⅱ）［J］．环境科学，2016，37（6）：2187-2194.

［65］M KARA，H YUZER，E SABAH. Adsorption of cobalt from aqueous solutions onto sepiolite［J］．Water Research，37（1）.

［66］郭学武，陈朝辉，徐剡源．重晶石防辐射泵送混凝土的制备与应用［J］．新型建筑材料，2007，34（6）：8-10.

［67］朱宏军，程海丽，姜德民．特种混凝土和新型混凝土［M］．北京：化学工业出版社，2004.

［68］丁庆军，张立华，胡曙光．防辐射混凝土及核固化材料研究现状与发展［J］．武汉理工大学学报，2002，24（2）：16-19.

［69］伍崇明，丁德馨，肖雪夫，等．高密度混凝土辐射屏蔽试验研究与应用［J］．原子能科学技术，2008，42（10）：957-960.

［70］刘霞，赵西宽，李继忠．重晶石防辐射混凝土的试验研究［J］．混凝土，2006（7）：24-25.

［71］BASYIGIT C，AKKURT I，ALTINDAG R. The effect of freezing-thawing（F-T）cycles on the radiation shielding properties of concretes［J］．Building and Environment，2006

(41)：1070-1073.

[72] QUAPP W J，MILLER W H，TAYLOR J. DUCRETE：A cost effective radiation shielding material [C]. Paper Summary Submitted to Spec-trum 2000，2000.

[73] PAVLENKO V I，YASTREBINSKII R N，VORONOV D V. Investigation of heavy radiation-shielding concrete after activation by fast neutrons and gamma radiation [J]. Journal of Engineering Physics and Ther-mophysics，2008，81（4）：686-691.

[74] 李赋屏，彭光菊，卢宗柳. 我国电气石资源分布、地质特征及其开发利用前景分析 [J]. 矿产与地质，2004，18（5）：493-497.

[75] 陈建华，康旭. 阿尔泰山含多色电气石花岗伟晶岩的特征 [J]. 新疆工学院学报，1989（1）：26-30.

[76] 吴瑞华，汤云晖，张晓晖. 电气石的电场效应及其在环境领域中的应用前景 [J]. 岩石矿物学杂志，2001（4）：474-476.

[77] 王敏，张尚坤，张增奇. 鲁西柳家电气石矿物学特征及成矿机理探讨 [J]. 山东地质，2001，17（1）：35-39.

[78] 朱炳玉. 新疆阿尔泰可可托海稀有金属及宝石伟晶岩 [J]. 新疆地质，1997，15（2）：101-110.

[79] 张晓晖，吴瑞华，汤云晖. 电气石的自发电极性在水质净化和改善领域的应用研究 [J]. 中国非金属矿业工业导刊，2001，（4）：474-476.

[80] 王敏，张尚昆，赵鹏大. 国内外电气石研究进展 [J]. 山东国土资源，2007（3）：16-20.

[81] 印万忠，韩跃新，任飞. 电气石在环境工程中应用的基础研究 [J]. 矿冶，2005（3）：65-68.

[82] KUBOL. Interface activity of water given rise by tourmaline [J]. Solid State Physics，1989，24（12）.

[83] KATSUKO Y. Far infrared generator for thermo therapy and method of far infrared irradiation [P]. WO：2004075986，2004-09.

[84] TAKASHIMAH. Static elimination and tone quality improving method of optical disk by u-sing tourmaline [P]. J P：20041787800，2004201.

[85] 贾宇恒，李贺，关毅. 高比表面改性高岭土材料制备及其吸附性能研究 [J]. 非金属矿，2006（2）：15-17，23.

[86] 诸华军，姚晓，张祖华. 高岭土煅烧活化温度的初选 [J]. 建筑材料学报，2008（5）：621-625.

[87] 潘群雄，潘晖华，陆洪彬. 高岭土碱热活化机理与4A沸石的水热合成 [J]. 材料科学与工程学报，2009（4）：553-557.

[88] 袁继祖，惠芳. 高岭土深加工技术 [J]. 矿产保护与利用，1994（4）：21-24，55.

［89］ 于波，熊宇华，刘东锋．大埔县洋子湖高岭土超细工艺及改性研究［J］．化工矿物与加工，2012（9）：15-19.

［90］ 翟由涛，杭小帅，干方群．改性高岭土对废水中磷的吸附性能及机理研究［J］．土壤，2012（1）：55-61.

［91］ 张永利，朱佳，史册．高岭土的改性及其对 Cr（Ⅵ）的吸附特性［J］．环境科学研究，2013（5）：561-568.

［92］ 王玉飞．碱改性高岭土的吸油性能研究［J］．榆林学院学报，2011（4）：82-86.

［93］ SATHY CHANDRASEKHAR，PRAMADA P N，KAOLIN-BASED ZEOLITE Y. A precursor for cordierite ceramics［J］．Applied Clay Science，2004（27）：187-198.

［94］ ZORICA P TOMI C，VESNA P LOGAR，BILJANA M BABIC. Comparison of structural，textural and thermal characteristics of pure and acid treated bentonites［J］．Spectrochimica Acta Part A，2011（82）：389-395.

［95］ SERGEY VGOLUBEV，ANDREAS BAUER，OLEG S POKROVSKY. Effect of pH and organic ligands on the kinetics of smectite dissolution at 25℃［J］．Geochimicaet Cosmochimica Acta，2006（70）：4436-4451.

［96］ 孙顺杰，乔亚玲，王强强．彩色石英砂应用现状及发展趋势［J］．绿色建筑，2013（4）：58-61.

［97］ 任东风，彭善志．石英砂资源综合开发利用方案实例［J］．中国非金属矿工业导刊，2007（1）：24-26.

［98］ 刘俊良，王琴．水处理填料与滤料［M］．北京：化学工业出版社，2010.

［99］ 莫德清，肖文香，陈波．改性石英砂的吸附过滤性能［J］．桂林工学院学报，2007，27（3）：378-381.

［100］ 杨斌武．水处理滤料的表面性质及其过滤除油性能研究［D］．兰州：兰州交通大学博士学位论文，2008.

［101］ STATO. Process for continuous refining of quartz powder［P］．United States Patent：5-637-284.

［102］ NORBERT H. Assessment of colloid filtration in natural porous media by filtration theory［J］．Environ Sci Technol，2000，34（25）：3774-3779.

［103］ YANG B W，CHANG Q. Wettability studies of filter media using capillary rise test［J］．Separation and Purification Technology，2008（60）：335-340.

［104］ THISTLETON J，Berry T，A Pearce P. et al. Mechanisms of chemical phosphorus removal Ⅱ：Iron（Ⅲ）salts［J］．Process Safety and Environmental Protection，2002，80（5）：265-269.

［105］ 陈杰华．纳米羟基磷灰石在重金属污染土壤治理中的应用研究［D］．重庆：西南大学硕士学位论文，2009.

[106] 魏以和，刘胜平，罗惠华 . 改性天然磷灰石废水处理剂的造粒研究 ［J］. 中国粉体技术，2000（S1）：20-25.

[107] 胥焕岩，马成国，金立国 . 磷灰石晶体化学性质及其环境属性应用 ［J］. 化学工程师，2011（03）：38-42，73.

[108] 刘羽，彭明生 . 磷灰石在废水治理中的应用 ［J］. 安全与环境学报，2001（01）：11-14.

[109] 邢金峰，仓龙，葛礼强 . 纳米羟基磷灰石钝化修复重金属污染土壤的稳定性研究 ［J］. 农业环境科学学报，2016，035（007）：1271-1277.

[110] 夏祥华，屈啸声，李刚，等 . 羟基磷灰石在环境治理中的应用进展 ［J］. 湖南生态科学学报，2016（3）：52-57.

[111] 赵国强 . 环境矿物材料在土壤修复中的研究进展 ［J］. 农业与技术，2017（17）：30-32，45.

[112] 刘润琪 . 矿物材料在环境治理方面的应用进展 ［J］. 山东工业技术，2017（19）：62-63.

[113] 秦海燕 . 累托石矿物材料在环境领域的研究进展 ［J］. 铜业工程，2007（1）：59-61.

[114] 康艳霞，刘钦甫，程宏飞 . 我国累托石的分布及其应用现状 ［J］. 中国非金属矿工业导刊，2013（01）：23-27.

[115] 赵小蓉，杜冬云，陆晓华 . 累托石处理氨氮废水的试验研究 ［J］. 工业水处理，2003（02）：39-41.

[116] 冯志桃 . 累托石表面改性及其对废水中无机污染物的吸附研究 ［D］. 天津：天津大学，2017.

[117] 徐贵钰，殷海青，扈金莲 . 改性累托石的制备及其对水中磷的吸附研究 ［J］. 化学研究与应用，2016（28）：1029.

[118] FEI WANG, PETER R, CHANG, et al. Monolithic porous rectorite/starch composites: fabrication, modification and adsorption ［J］. Applied Surface Science, 2015, 349：251-258.

[119] LIXUAN ZENG, YUFEI CHEN, QIUYUN ZHANG, et al. Adsorption of Cd（Ⅱ），Cu（Ⅱ）and Ni（Ⅱ）ions by cross-linking chitosan/rectorite nano-hybrid composite microspheres ［J］. Carbohydrate Polymers, 2015（130）：333-343.

[120] 中国粉体技术网 . 石灰石或石灰岩的主要用途与质量要求 ［EB/OL］. http://www.fentijs.com/2016/jsjzt_0815/18866.html，2016-12-27.

[121] 中国粉体技术网 . 一文了解膨润土改性新技术及其在废水处理中的应用 ［EB/OL］. http://www.fentijs.com/2018/jsjzt_0309/24775.html，2018-3-9.

[122] 粉体技术网 . 一文了解高岭土、膨润土等黏土矿物在农林保水剂中的应用 ［EB/OL］. https://mp.weixin.qq.com/s/QMoZ286gsOzUr1vRqsjKwQ，2018-9-4.

[123] 中国粉体技术网．一文了解全球膨润土生产、消费、价格及贸易情况［EB/OL］．http：//www.fentijs.com/2018/jsjzt_0930/26145.html，2018-9-30.

[124] 粉体技术网．一文了解有机插层膨润土的制备技术及应用领域［EB/OL］．https：//mp.weixin.qq.com/s/5jJ25zKNGrHgEY6HPM60dQ，2018-12-10.

[125] 粉体技术网．膨润土的50种用途，你知道几种？　［EB/OL］．https：//mp.weixin.qq.com/s/jWX1WPTeLQYscrJdIZuxCw，2019-4-10.

[126] 中国粉体技术网．细数全球24个国家的膨润土资源和特点［EB/OL］．http：//www.fentijs.com/2019/jsjzt_0611/27622.html，2019-6-11.

[127] 粉体技术网．膨润土环保矿物材料［EB/OL］．https：//mp.weixin.qq.com/s/RefB8NG4cyXA_eU3EsW-Nw，2019-11-11.

[128] 中国粉体技术网．我国沸石资源现状及深加工利用［EB/OL］．http：//www.fentijs.com/2015/jsjzt_0929/14873.html，2015-9-29.

[129] 中国粉体技术网．一文了解沸石的特性、应用及存在问题［EB/OL］．http：//www.fentijs.com/2017/jsjzt_0601/21732.html，2017-6-1.

[130] 粉体技术网．沸石环保矿物材料［EB/OL］．https：//mp.weixin.qq.com/s/mplV_Hk_GUdNd6LO7of8VQ，2019-10-23.

[131] 粉体技术网．沸石的特性及应用［EB/OL］．https：//mp.weixin.qq.com/s/Ch9aS6vodcIJurfO9RQx6A，2019-11-26.

[132] 中国粉体技术网．凹凸棒石在各个领域的应用［EB/OL］．http：//www.fentijs.com/2016/jsjzt_0728/18740.html，2016-7-28.

[133] 粉体技术网．从矿物资源到纳米新材料，江苏盱眙致力打造凹凸棒石全产业链［EB/OL］．https：//mp.weixin.qq.com/s/mugViIzKUiZZKDWjtp3ZgQ，2017-7-31.

[134] 中国粉体技术网．膨润土、凹凸棒、海泡石等黏土在油脂脱色工艺中的应用［EB/OL］．http：//www.fentijs.com/2018/jsjzt_0314/24812.html，2018-3-14.

[135] 粉体技术网．4大类型凹凸棒石黏土的加工与应用方向［EB/OL］．https：//mp.weixin.qq.com/s/sSdnPauG4Bn1jeHqZv0a_g，2018-5-31.

[136] 中国粉体技术网．一文了解凹凸棒石的结构及理化性质［EB/OL］．http：//www.fentijs.com/2018/jsjzt_1206/26598.html，2018-12-06.

[137] 粉体技术网．凹凸棒石的45种用途，你了解多少？　［EB/OL］．https：//mp.weixin.qq.com/s/vtgRgy8FYFVV2wmpUAgOQg，2019-8-6.

[138] 中国粉体技术网．一文了解凹凸棒石在饲料中的应用［EB/OL］．http：//www.fentijs.com/2019/jsjzt_0903/28119.html，2019-9-3.

[139] 粉体技术网．凹凸棒石环保矿物材料［EB/OL］．https：//mp.weixin.qq.com/s/bcegxbI_I0uDmfsi3_x10A，2019-10-31.

[140] 中国粉体技术网．硅藻土的应用领域与技术指标要求［EB/OL］．http：//

www. fentijs. com/2016/jsjzt _ 0729/18755. html，2016-7-29.

［141］粉体技术网．纳米 TiO₂/硅藻土复合光催化技术［EB/OL］．https：//
mp. weixin. qq. com/s/pytKTqvEdZuj _ yCmXu208w，2016-10-31.

［142］中国粉体技术网．硅藻土的工业应用研究进展［EB/OL］．http：//www. fentijs. com/
2017/jsjzt _ 0104/20199. html，2017-1-04.

［143］粉体技术网．一文了解中国硅藻土资源分布及产业集聚区［EB/OL］．https：//
mp. weixin. qq. com/s/qqo62QUxD7rmuCZUn8xVqg，2017-7-24.

［144］中国粉体技术网．硅藻土在食品行业中的应用［EB/OL］．http：//www. fentijs. com/
2017/jsjzt _ 0901/22882. html，2017-9-1.

［145］粉体技术网．硅藻土环保矿物材料［EB/OL］．https：//mp. weixin. qq. com/s/
US1RwaT96e4xkQnW6ouCbQ，2019-11-4.

［146］粉体技术网．海泡石功能材料的应用现状研究进展［EB/OL］．https：//
mp. weixin. qq. com/s/MeOV6OEfEN27qJLmlOBdjA，2015-3-11.

［147］中国粉体技术网．海泡石的主要用途［EB/OL］．http：//www. fentijs. com/2016/jsjzt _
0812/18850. html，2016-8-12.

［148］中国粉体技术网．一文了解海泡石在有机污染物治理方面的应用及最新研究进展［EB/
OL］．http：//www. fentijs. com/2018/jsjzt _ 1218/26662. html，2018-12-18.

［149］粉体技术网．海泡石环保矿物材料［EB/OL］．https：//mp. weixin. qq. com/s/
710onUxcg0m4um6lIm6ONg，2019-11-20.

［150］中国粉体技术网．海泡石土壤重金属治理材料入选《重点新材料首批次应用示范指导
目录（2019 年版）》［EB/OL］．http：//www. fentijs. com/2019/cyxwt _ 1204/28592.
html，2019-12-4.

［151］中国粉体技术网．重晶石矿物材料的研究进展［EB/OL］．http：//www. fentijs. com/
2016/jsjzt _ 0104/16032. html，2016-1-4.

［152］粉体技术网．一文了解重晶石加工技术与应用领域［EB/OL］．https：//
mp. weixin. qq. com/s/7SrdC _ c2gv _ daQp-VA--CQ，2017-5-26.

［153］中国粉体技术网．全球重晶石资源现状及供需形势解析［EB/OL］．http：//
www. fentijs. com/2017/jsjzt _ 0721/22338. html，2017-7-21.

［154］粉体技术网．深度解析：全球重晶石储量、产量、贸易形势及发展建议［EB/OL］．
https：//mp. weixin. qq. com/s/gMOHdi2QGKdg3Rc0twQnlw，2018-11-28.

［155］中国粉体技术网．最新！重晶石矿产品年度数据调查报告［EB/OL］．http：//
www. fentijs. com/2019/cyxwt _ 0212/26957. html，2019-2-12.

［156］中国粉体技术网．电气石负离子涂料的制备及其应用研究［EB/OL］．http：//
www. fentijs. com/2014/jsjzt _ 0806/7901. html，2014-8-6.

［157］粉体技术网．电气石环保矿物材料［EB/OL］．https：//mp. weixin. qq. com/s/

8VHdQdTp-LrSSPDAW7nLqA，2019-11-6.

[158] 中国粉体技术网．中国科学家用改性黏土（高岭土、蒙脱石）击退赤潮［EB/OL］．
http：//www. fentijs. com/2017/redianzongshu _ 1027/23412. html，2017-10-27.

[159] 粉体技术网．高岭土应用领域及技术指标要求［EB/OL］．https：//
mp. weixin. qq. com/s/ioTylpYtMztstFk6SEo1lA，2017-4-28.

[160] 中国粉体技术网．高岭土改性方法及其在工业废水处理中的应用［EB/OL］．http：//
www. fentijs. com/2017/jsjzt _ 1229/24125. html，2017-12-29.

[161] 粉体技术网．2018 全球高岭土产量及市场需求分析［EB/OL］．https：//
mp. weixin. qq. com/s/zB9mMN8zqXvcsVNKf3IFCA，2018-3-21.

[162] 中国粉体技术网．一文了解纳米高岭土的特性、制备方法及应用现状［EB/OL］．ht-
tp：//www. fentijs. com/2018/jsjzt _ 0528/25363. html，2018-5-28.

[163] 粉体技术网．一文了解高岭土、膨润土等黏土矿物在农林保水剂中的应用［EB/OL］．
https：//mp. weixin. qq. com/s/QMoZ286gsOzUr1vRqsjKwQ，2018-9-4.

[164] 中国粉体技术网．纳米高岭土 10 大应用领域及市场前景［EB/OL］．http：//
www. fentijs. com/2018/jsjzt _ 1113/26424. html，2018-11-13.

[165] 粉体技术网．9 张图带你了解全球高岭土产业现状、进出口形势及消费结构［EB/OL］．
https：//mp. weixin. qq. com/s/rNdxPADAsE2hDc85v515ow，2018-11-27.

[166] 中国粉体技术网．高岭土尾矿没地儿放？这些利用途径你可了解？［EB/OL］．http：//
www. fentijs. com/2019/jsjzt _ 0102/26758. html，2019-1-2.

[167] 粉体技术网．高岭土环保矿物材料［EB/OL］．https：//mp. weixin. qq. com/s/BbMb8 _
LOP7WEsUXt-PyA8A，2019-11-13.

[168] 中国粉体技术网．一文了解我国高岭土资源、生产及市场概况［EB/OL］．http：//
www. fentijs. com/2019/jsjzt _ 1128/28566. html，2019-11-28.

[169] 中国粉体技术网．一文了解全球高岭土资源及生产概况［EB/OL］．http：//
www. fentijs. com/2019/cyxwt _ 1217/28648. html，2019-12-17.

[170] 粉体技术网．1 分钟了解石英砂行业［EB/OL］．https：//mp. weixin. qq. com/s/VZ-
VDBQwEI0qG-WVGEdPE7A，2016-11-2.

[171] 粉体技术网．一文了解中国石英矿资源分布概况［EB/OL］．https：//
mp. weixin. qq. com/s/Hf1nklPecPdLwSLwlkYoQg，2017-5-8.

[172] 中国粉体技术网．中国 6 大石英（硅质原料）产业集聚地，你知道几个？［EB/OL］．
http：//www. fentijs. com/2018/cyxwt _ 0319/24853. html，2018-3-19.

[173] 粉体技术网．石英砂十大应用领域及技术指标要求［EB/OL］．https：//
mp. weixin. qq. com/s/-WR6PRf73gHafknNGCRvvw，2019-2-22.

[174] 粉体技术网．石英砂尾矿的 13 种应用途径［EB/OL］．https：//mp. weixin. qq. com/
s/0ok4E9Z7PR-IqXz64QMrcw，2019-3-1.

［175］中国粉体技术网．一文了解中国石英砂资源、产量、价格、应用市场及政策形势［EB/OL］．http：//www. fentijs. com/2019/cyxwt _ 0430/27425. html，2019-4-30.

［176］粉体技术网．石英砂水处理滤料［EB/OL］．https：//mp. weixin. qq. com/s/4q8dS8Qcy _ uw9ITXZ1pdAA，2019-12-3.

［177］粉体技术网．磷灰石：天生的环境矿物材料［EB/OL］．https：//mp. weixin. qq. com/s/R4dfxHO4wgpINXoX1cHC _ A，2018-12-20.

［178］中国粉体技术网．累托石应用领域与加工技术概述［EB/OL］．http：//www. fentijs. com/2014/jsjzt _ 1008/8628. html，2014-10-8.

［179］粉体技术网．一文了解中国稀有矿物"累托石"区域分布情况［EB/OL］．https：//mp. weixin. qq. com/s/wYEJKD-LhuBa-Ty1Gjqatg，2018-12-19.

 佑景天(北京)国际水环境研究中心

水梦无机高效吸附絮凝剂技术介绍

我公司通过组织国内外专家技术团队与刘鸿亮院士经多年合作,研发出了基于特殊非金属矿物的水梦牌无机高效吸附絮凝剂。与传统絮凝剂相比,其具有以下技术优势:

1.加药剂量少　　**2.反应时间短**

3.无二次污染　　**4.污泥易处置**

目前,水梦牌无机高效吸附絮凝剂因具有稳定的处理效果、良好的处理指标表现及广泛的应用场景,已为全国多个行业及地区的水体污染问题提供了经济高效的处理方案。具体污水处置类型涉及:

◆ **工业、危废污水处置**
　①电厂脱硫废水
　②含重金属污水
　③尾矿污水
　④其他各类危废污水

◆ **城镇生活污水处理**

◆ **农业用水净化处理**
　①黄河水(高含沙水)节水灌溉用水
　②农产品加工用水
　③养殖场污水等

◆ **自然水体净化**
　黑臭水体、河流、湖泊水质净化等

部分案例

电厂脱硫废水——山东淄博

处理前　处理后

黄河水处理——内蒙古巴盟
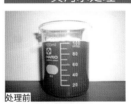
处理前　处理后

乳化液废水——汽车行业

处理前　处理后

重金属废水——含铜废水

处理前　处理后

联系地址: 北京市海淀区上地东路5-1号京蒙高科大厦A408

联系电话: 010-51557567　13161599665(微信同号)

室内空气净化推荐产品

——"潞洁"纳米光催化除醛抗菌产品

北京依依星科技有限公司以山西依依星科技有限公司为生产基地,生产有自主知识产权的纳米光催化剂及其制品。目前产品有:可见光条件下相应的纳米光催化剂、净味除醛抗菌涂料、净味除醛抗菌窗帘、净味除醛抗菌卷帘、净味除醛抗菌颗粒。

"潞洁"纳米光催化剂

序号	检测项目	标准要求(I类)	检验结果	单项结论
1	甲醛净化效率 (%)	≥75	83.2	合格
2	甲醛净化效果持久性 (%)	≥60	76.6	合格
3	甲苯净化效率 (%)	≥35	51.0	合格
4	甲苯净化效果持久性 (%)	≥20	38.2	合格

"潞洁"光催化布帘与卷帘

产品名称	检测项目	子项目	检验方法	测试值
光催化布帘 (也可用作墙布)	抗菌性能	白色念珠菌	GB/T 20944.3—2008	92
		大肠杆菌	GB/T 20944.1—2007	＞99
		金黄色葡萄球菌	GB/T 20944.2—2007	98
光催化卷帘	抗菌性能	白色念珠菌	GB/T 20944.3—2008	90
		大肠杆菌	GB/T 20944.1—2007	＞99
		金黄色葡萄球菌	GB/T 20944.2—2007	99

联系方式

地址:北京市海淀区西三旗桥北金燕龙大厦805室

电话:010-82946450 18801102618杜先生(微信同号)

E-mail: bjyyxtech@163.com

中国建材工业出版社
China Building Materials Press

我们提供

图书出版、广告宣传、企业/个人定向出版、图文设计、编辑印刷、创意写作、会议培训，其他文化宣传服务。

发展出版传媒　　服务经济建设

传播科技进步　　满足社会需求

编辑部	出版咨询	市场销售	门市销售
010-88385207	010-68343948	010-68001605	010-88386906

邮箱：jccbs-zbs@163.com　　网址：www.jccbs.com